品位决定地位

方州 编著

中国华侨出版社
·北京·

图书在版编目 (CIP) 数据

品味决定地位 / 方州编著 . —— 北京 : 中国华侨出
版社 , 2008.09（2024.2 重印）
ISBN 978-7-80222-721-7

Ⅰ . ①品… Ⅱ . ①方… Ⅲ . ①个人—修养—通俗读物
Ⅳ . ① B825-49

中国版本图书馆 CIP 数据核字（2008）第 134491 号

品位决定地位

编　　著：方　州
责任编辑：唐崇杰
封面设计：朱晓艳
经　　销：新华书店
开　　本：710 mm×1000 mm　1/16 开　　印张：14　字数：185 千字
印　　刷：三河市富华印刷包装有限公司
版　　次：2008 年 9 月第 1 版
印　　次：2024 年 2 月第 2 次印刷
书　　号：ISBN 978-7-80222-721-7
定　　价：49.80 元

中国华侨出版社　北京市朝阳区西坝河东里 77 号楼底商 5 号　邮编：100028
发行部：（010）64443051　　　　传　真：（010）64439708
网　址：www.oveaschin.com　　　E-m a i l：oveaschin@sina.com

如果发现印装质量问题，影响阅读，请与印刷厂联系调换。

前　言

　　不知从什么时候开始，品位成了评价一个人的最终极的指标。

　　曾听人说过这样一个故事：某地一位靠投机倒把而"幸运地"富甲一方的暴发户，听说北京有一家很有品位的高级会所，会员资格是很多社会名流身份和地位的象征，很是向往。虽然价格出奇的贵，但该暴发户"穷得只剩下钱了"，不在乎这个，遂不惜重金千里迢迢地前去办理。经过了漫长的审核等待，会所方面给了暴发户一个无情的打击：经过综合评审，您被拒绝入会。暴发户很郁闷，难道是嫌自己没钱？太小瞧人了！随后，暴发户携双倍的入会费再次申请，谁知会所方给的答复是：不是钱的问题！暴发户顿悟，钱果然不是万能的，再有钱也有被人看不起的时候。

　　虽然谁都没有明说，但谁都明白，问题就出在品位上面。这绝对不是个别现象。你可以因为学富五车、才高八斗而自傲不羁，也可以因为腰缠万贯、金玉满堂而沾沾自喜，但是，如果没有高尚的品位，你在人们的心目中仍旧是一个不可理喻的凡夫俗子，你的人生地位就无从谈起，你的生命质量肯定要大打折扣。

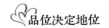

　　品位就是你的人生标签，它决定了你是一个什么样的人，决定了你的社会地位和自我形象。要想获得他人的认可，你就必须具备和他们同一水平的品位。你想要成为一个什么样的人，首先就要具备什么样的品位。有了高尚的品位，就等于选择了一种高尚的生活，也自然会有高尚的人在你左右，那么，你的地位就是不言而喻的。

　　当然，有些人本来也想做一个有品位的人，只是事与愿违，因为误解了品位的概念而导致南辕北辙。那么，究竟何为品位？

　　首先，品位就存在于我们日常工作生活一点一滴的细节当中，它就是你对生活的理解，就是你对待人生的态度。无论是挑选一件衣服的品牌，还是选择一种职业、选择一个伴侣，你的品位都在起着关键性的作用。

　　品位有内在和外在之分。表面的品位很容易做到，难的是由内而外的品位。这不仅需要你用高品位的眼光打理生活，更需要深厚的文化积淀和高尚的人生价值观。唯有如此，你的人生才更有内涵，生活才更有质量。

　　通过很多的事实我们得出这样一个结论：品位决定地位。这不是一个空泛的概念，而是一个谁都无法否认和回避的人生潜规则。本书正是围绕这个话题，从多个角度展开讨论。我们的愿望就是，让所有的人都能在高品位的社会氛围中享受高品位的人生。

目　录

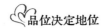

第二章

人生的成功需要一个高品位的人际关系

　　人生来就是群居性的动物，没有谁可以孤立地存在于世。特别是在这个人脉制胜的时代，人际关系更是决定一个人生活质量的关键因素。人际关系不是与生俱来的，需要你在成长的过程中努力经营。那么，决定一个人人际关系质量的最主要的因素是什么？是出身？是机遇？是性格？归根到底，还是品位。

第三章

男人：做人的品位决定生存的地位

　　作为一个男人，没有谁不想做一个有地位的成功者。所以，有些人埋头苦干、努力奋斗，但混到最后才发现梦想仍然遥不可及。为什么会是这样？答案其实很简单，成功是一种素质，品位决定地位。埋头苦干、努力奋斗固然重要，但若不注意自己的素质和品位，就算挣了几个钱，你仍然是一个不受欢迎的土财主，永远都无法跨越社会精英的门槛。

第四章

女人：气质品位决定生活地位

人们都说出色的容貌是女人最有价值的资本，但不是所有漂亮的女人都能拥有令人羡慕的地位，而那些生活地位高的女人们也并不是个个都具备沉鱼落雁的容貌。所以，女人外在的先天的硬件因素只是一方面，由各方面品位塑造的综合魅力才是她们"最有杀伤力的武器"。

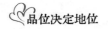

第五章
用潇洒书写有品位的生活

　　假面具让人活在虚伪和禁忌的世界里，它让你总是有太多的顾虑，凡事不敢越雷池一步。但是，生活是如此丰富多彩，何妨摘下假面具，放开一点。潇洒一点。如此，便可品出生活的新滋味。

第六章

不但有钱，还要有闲

在喧嚣的尘世中，在熙熙攘攘的人群中，人们总是脚步匆匆地追逐成功，忽略了自己的生活。事实上，人活着不只是为了追求成功，更是为了感受幸福。所以，我们应当为自己留下一点空闲时间去经营亲情、爱情，培养爱好，放松身心。只知道奋斗不懈，不懂得休闲，只会使幸福渐行渐远。

第七章

有品位的人不会过于计较得失

糊涂是一种智慧，也是一种境界。糊涂人不大计较别人的态度，不会徘徊于一得一失之间。糊涂人似乎有选择性"遗忘症"，他会很快忘记那些令人不快的人和事。所以，在他的周围似乎总是风轻云淡，少了诸多是非。糊涂一点，成了现代人享受生活的新途径。

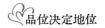
第八章

追求品位不能忽略细节

　　通常情况下，品位所衡量的是一个人整体的行为表现。但是，需要注意的是，这个"整体的表现"并不是简单地从一件事或一个动作中就可以提炼出来的。就像一座大楼必须用一砖一瓦一步步地盖起来一样，品位也是许多个零零碎碎的细节表现汇总而来，并小中见大，每一个小细节都是品位问题重要的、不可或缺的组成部分。小细节上的缺憾和不足往往是品位的致命伤。

第九章

品位让你焕发活力

　　年龄代表什么？代表生活的历练和经验的多少？或者仅仅是生理的变化？不管人们怎么看它，年龄的痕迹既体现在身体上，又深深地烙在人们的心灵里。只有冲破这一烙印的束缚，才能活出一股蓬勃的朝气。

第十章

让健康给你的品位和地位加分

　　人们追求高品质的生活，却不自觉地陷入了误区：拼命工作、拼

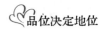

命享受、吃吃喝喝以及无休无止的夜生活，等等，这样的生活无不以损害健康为代价。只有拥有健康才能谈得上高品质，"以健康为中心"是这个时代赋予"高品质生活"的新的内涵。

第一章

品位、地位都要先定位

　　人生就像一台戏，你扮演一个什么样的角色去演绎
自己的生活，完全取决于你的选择，而在这个选择的过
程中，你给自己的定位是至关重要的。给自己的生命定
一个适合你的基调，在一个合适的高度找到你的位子。
你能成为一个什么样的人，取决于你想成为一个什么样
的人，这是一种因果的、必然的关系。你的品位是这样，
你将来的地位也是这样。

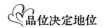

超越金钱的"金钱观"

从一个人看待金钱的态度中，就可轻而易举地窥探出他的品位。我们承认，在商业社会中，金钱很重要，"没有钱是万万不能的"，但钱并不能成为人生唯一的追求。如果你把自己的人生完全定位在金钱之上，那就太没品位了。

哲学家史威夫特说过："金钱就是自由，但是太多了却是桎梏。"

歌德也曾经说过：唯有懂得金钱真正意义的人，才应该致富。他的意思是说，许多人虽然能够很快致富，却不能关怀、体谅别人。他们被金钱迷住了眼睛，失去了合理运用金钱的理性，终归会为此而付出昂贵的代价。

我们要告诫大家一个基本的品位哲学命题：做金钱的主人，不要做它的奴隶！

换句话说，不要被金钱束缚。单是这个基本的想法，就值得跨越任何时代而铭记在心。我们虽然难以达到美国石油大王洛克菲勒的境界和成功学家卡内基所说的标准，但作为普通的人，却可以活出自己的活法。

诚如托尔斯泰所说的那样，钱只有在使用时才会产生它的价值，如果放着不用，就根本毫无意义。

让金钱为我所用，为人所用，而不要成了不肯花钱的可怜的守财奴，这样的人生才能痛快潇洒！

人生是一趟没有返程票的旅行。只有摆脱金钱的累赘和捆绑，才能让人生变得轻松自如，方能领略到旅途中的风景，品尝到人生的快乐。

有个小故事说，一个欧洲观光团来到非洲一个叫亚米亚尼的原始部落。部落里小伙子穿着白袍盘着腿安静地坐在一棵菩提树下做草编。草编非常精致，它吸引了一位法国商人。他想，要是将这些草编运到法国，巴黎的女人戴着这种小圆帽和挎着这种草编的花篮，将是多么时尚多么风情啊！想到这里，商人激动地问："这些草编多少钱一件？"

"10比索。"小伙子微笑着回答道。

天哪！这会让我发大财的。商人欣喜若狂。

"假如我买10万顶草帽和10万个草篮，那你打算每一件优惠多少钱？"

"那样的话，就得要20比索一件。"

"什么？"商人简直不敢相信自己的耳朵！他几乎大喊着问道："为什么？"

"为什么？"小伙子也生气了，"做10万件一模一样的草帽和10万个一模一样的草篮，它会让我乏味死的。"

商人还是不能理解，因为在追逐财富的过程中，许多人忘了生命里金钱之外的许多东西。而故事中，那位亚米亚尼小伙子真正领悟了人生的真谛。

然而，在现实生活中，我们看到，许多人在赚钱之初，并没有想过这一生赚钱的目的何在？

是自己消费，抑或留给后代，或是施舍于慈善事业，造福于社会。你若去问他，大多数人的回答一般都是"不知道"。在社会一致认同"赚钱很重要"的情况下，便开始了一生忙忙碌碌，早出晚归，拼命赚钱的生活。殊不知，不管赚多少钱，是绝不可能带到下辈子的。许多人一生忙于赚钱，到最后却忘了或根本就不知道赚钱的初衷，将手段变为目的。拼命赚钱，不懂得如何利用金钱使自己更幸福、更快乐、更健康，也不懂得回报社会，最后变成了金钱的奴隶，变成一个十足的守财奴。金钱对于他们来说，已完全失去

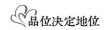

意义，只是一堆货币符号。更有不少人，还会深受其害，陷入甚至没于金钱的泥沼之中。不是吗？钱财是身外之物，没有它自然不能生活，但过多又成为自己的累赘。这就像一个人的十个指头，没有十个生活不方便，超过了十个就成了负担。财多必害己，多藏必厚亡。

明清时期，山西境内有一个富商，生意做得很红火，长年财源滚滚，虽然请了好几名账房先生，但总账还是靠他自己算。钱的进项又多又大，他天天从早晨打算盘熬到深更半夜，累得他腰酸背痛头昏眼花，夜晚上床后又想到明天的生意，一想到成堆白花花的银子又兴奋激动。这样，白天忙得不能睡觉，夜晚又兴奋得睡不着觉，他患上了严重的失眠症。可是隔壁靠做豆腐为生的小两口，每天清早起来磨豆浆、做豆腐，说说笑笑，快快活活，甜甜蜜蜜。墙这边的富商在床上翻来覆去，摇头叹息，对这对穷夫妻又羡慕又嫉妒。他的太太也说："老爷，我们要这么多银子有什么用，整天又累又担心，还不如隔壁那对穷夫妻活得开心。"

富商早就认识到自己还不如穷邻居生活得轻松洒脱，等太太话音一落便说："他们是穷才这样开心，富起来他们就不能了，很快我就让他们笑不起来。"说着，翻下床去钱柜里抓了几把金子和银子，扔到邻居豆腐坊的院子里。

这对夫妻正在边唱歌边做豆腐，忽然听到院子里"扑通"、"扑通"地响，提灯一照，只见是闪闪的金子和白花花的银子，连忙放下豆子，慌手慌脚地把金银捡回来，心情紧张极了。不知该把这些财富藏在哪里才好，藏在房里怕不保险，藏在院里怕不安全。从此，再也听不到他们说笑，更听不见他们唱歌了。

这是一个很著名的故事，故事充满了黑色幽默的意味。但让我们深思的是，难道拥有金钱，人就要以失去快乐作为代价么？随着商品经济大潮的到来，拜金主义和功利主义充斥着我们生存的空间。大街小巷里、酒肆歌楼中，处处回荡着金钱诱惑的气息，越来越多的人沉浸其中，成为金钱的奴隶。

在金钱的考验面前，很多人都在经受着冲击，从观念到心灵，从价值观到处世哲学，从情感到家庭，无不面临着改变的阵痛。越来越多的人已经在汹涌的物欲横流中迷失自己，或被噎得喘不过气来，这是一件很可悲的事情。其实，在欲望的遮蔽下，心灵早已失去了生气，生命在金钱魔力诱惑之下，也不堪重负，进而被金钱所奴役。这是许多人的处境！但让人更感到可悲的是，这些在物欲浪潮中浮沉的人们，始终执着于金钱，并且执迷不悟，郁郁而终。

所以，我们说超越金钱的"金钱观"是最有品位的人生价值观。虽然有钱并不是一件可耻的事情，但千万不要把钱当成人生唯一的追求。希望大家在金钱的问题上做个有品位的人，而不是庸俗到自己的一切被金钱所左右。

超越奢靡享乐的"幸福观"

对于幸福，每个人都有不同的理解。有人在锦衣玉食、夜夜笙歌中寻找幸福；有人在以苦为乐、脚踏实地地实现自我价值的过程中体验着幸福；有人看重物质的享受，有人在乎精神层面的纯净。正因为对于幸福的理解上的差异，最终导致了人生的地位不同。

其实，幸福本是人内心深处的一种感觉，不管你用什么心态去理解，感觉不会欺骗人。正因为如此，幸福才不会因为你物质上多么富有而偏袒你。也就是说，真正的幸福与物质无关，有时甚至钱越多，离幸福越远。

当物质生活极度丰富，当人们内心的虚荣达到了不可抑制的地步时，奢侈之心便悄然而生。

既然是商品社会，那么一切都可以用大把的金钱去解决；既然金钱赚来就是用的，那么大把地花去也不会觉得心痛。有时候，为了满足一下虚荣心，我们会不计后果地去做许多奢侈之事。

奢侈，可以说是有钱的现代人的最大迷障。

哲学家说，钱有四种意义：钱是钱，钱是纸，钱是数字，钱是冥纸。但一般人都多赋予了另一个意义：钱是万能。

钱能取来花用，算钱。

赚了钱，但换成数量庞大的房子、车子、土地，守着不能用，叫纸。

把钱全存进银行，以数字的变化为荣，钱是数字。

赚太多了，身体撑不住了，钱会是冥纸，烧给自己用。

很多年前，有一个商人为了显示自己的奢侈，用大把百元的大票粘贴成巨大的喜字。后来，便有了一群商人为了满足自己的奢侈之心，开起了人体的盛宴。再后来，有了以金箔作为一道菜的黄金宴，有了20万元天价的年夜饭，这些都是人的奢侈之心在作祟。

这能说明什么呢？我们很难想象它带给人们的是怎样复杂的联想。

要知道，在一个文明社会里，社会越进步，人们就越提倡简朴，即使是在最发达的资本主义国家美国，人们仍然以穿着的随意作为日常生活的时尚。拥有数百亿美元财富的比尔·盖茨，也会为节省几美元的停车费而宁愿将车多开出一站地。

还有我们熟悉的李嘉诚，美国《幸福》杂志评价他是"最为俭朴的亿万富翁"。该杂志在一篇题为《海外华人喜欢挣钱而不喜欢花钱》的文章中说："……亚洲除日本以外的财富大部分掌握在海外华人手中，这批人既有特殊的才能，又富有创造精神"，"（他们）工作刻苦努力，不断进行再投资，并大力发展教育事业。他们憎恶摆阔性的消费，特别喜欢多挣少花。他们把挣到钱看作是极大的乐事，是生活中最激动人心的事情。……他们热心于慈善事业，慷慨捐助。但是，在个人消费方面，他们很可能是世界上最为俭朴的亿万富翁。……在香港从事房地产交易的李嘉诚已获得25亿美元（20世纪八九十年代的统计数字）的资财，但他对俭朴的生活更有兴趣。他在国外没有任何房产，赴约都是乘公共汽车前往。"

美国《财富》杂志（1988年）这样评价：在全世界的超级富豪中，"有的挥霍无度，也有的不忘节俭"，而"最节俭的是香港大亨李嘉诚"。

北京《人民日报》（海外版）（1992年5月20日）在《李嘉诚生活俭朴》文章中这样介绍："李先生说，我这个人对生活要求并不高，简单的生活是我的愿望。如果有一天我老了，不用工作了，我还是希望过简单的安定生活。"

面对这些超级富豪，我们是否应该感到惭愧？如果你检查一下屋里的后阳台，便明白有多么奢侈，满满一箩筐未曾用过的东西，用了一次便准备扔掉的器皿，被当作旧衣回收的全是新衣，还有亲友送来的礼品，这些全是物欲横流的证据。

一顿餐花了数百元，一件衣裳花了上千元，一双鞋八九百……这样的数字令人惊心。

那么，怎样收起你的奢侈之心，养成俭朴生活的习惯呢？

一是要减少越多越好的欲望。如果不乱花钱，便可以不拼命捞钱，便可以多出许多自在如意的时间，供自己随意取用。奉行"少即是多"的哲学，贪心少少，时间多多；东西少少，空间多多；工作少少，健康多多。

二是不要盲从于某些流行的产品。避免追流行，因为它只是一种把你的钱从荷包里勾引出来的把戏，一件衣服只穿一个夏天，但得花掉你半个月的薪水，怎么也不划算呀，换作是我，只买自己喜欢的，而并非流行的。女人节制浓妆艳抹，也会省去不少钱，许多化妆品里都含有某些伤害的物质，浓郁的香气，甚至会破坏呼吸系统的功能，消费也相当惊人。

三是别买那些眼下看来毫无用处的东西。你的家绝不是垃圾堆置场，千万别把那些买来只用一次，或者根本不用的东西摆在家里，占据一个原本已小的空间。它往往只会让你心情不好，别无他益。

四是多从关心自我的角度去设计生活和工作。人生本来就是矛盾的，太会赚钱的人，没时间陪家人；努力工作的人，体力变差；很有钱的人，很会花钱；试图拥有全世界的人，小心赔上一条命。

人只有一辈子，犯不着赚五辈子的钱，这样除了透支体力、伤身之外，别无益处。

够用，不是一无所有，而是适可而止。

我们总是把拥有物质的多少、外表形象的好坏看得过于重要，用金钱、精力和时间换取一种有目共睹的优越生活，却没有察觉自己的内心的痛苦和劳累。事实上，只有真实的自我才能让人真正地容光焕发，当你只为内在的自己而活，并不在乎外在的虚荣时，幸福感才会润泽你干枯的心灵，就如同雨露滋润干涸的土地。

我们需求得越少，得到的自由就越多。正如梭罗所说："大多数豪华的生活以及许多所谓的舒适的生活，不仅不是必不可少的，反而是人类进步的障碍，对比豪华和舒适，有识之士更愿过单纯和粗陋的生活。"简朴、单纯的生活有利于清除物质与生命之间的樊篱。为了认清它，我们必须从清除嘈杂声和琐事开始，认清我们生活中出现的一切，哪些是我们必须拥有的，哪些是必须丢弃的。

人生的容量是有限度的，通常应该是多一份舒畅，少一份焦虑；多一份真实，少一份虚假；多一份快乐，少一份悲苦。外界生活的简朴会带来我们内心世界的丰富，从而变得更敏锐，更能真正深入、透彻地体验和理解自己生活的品位，我们将为每一次日出、草木无声生长而欣喜不已，我们将重新向自己喜爱的人们敞开心扉，表现真实的自然，热情地置身于家人、朋友之中，彼此关心，分享喜悦，真诚相待。

雅与俗的辩证

雅与俗是评价一个人品位的通用标准。一个人品位是高雅还是低俗，首先取决于他在这方面的价值观。只有在他对高雅含义有一个清晰的界定，他才能以此来要求自己做出高雅的事儿来。相反，那些低俗之人并不全是成心和自己的品位过不去，而在于他们模糊了雅与俗的界限，误将低俗当高雅，结果使自己的品位一塌糊涂。比如，有人在公共场所吸烟，其他人对此嗤之以鼻，而他本人却以为这是一件非常潇洒的事，自我感觉非常好。

那么，何为雅？何为俗？

这里首先要解决"俗"的问题，"俗"的问题解决了，"雅"自然水落石出。

俗的表现方式有很多。首先，吹毛求疵，嫉妒别人，对小事耿耿于怀，好冲动就是一个低俗的人的一些表现。这样的人总爱疑神疑鬼，当看到别人聚在一起谈论时，便以为是在谈论有关他的事情。有时他为了展现自己所谓的个性，常常搞出一些可笑的场面。而有品位的人则恰恰相反。有品位的人不会计较一些鸡毛蒜皮的小事，更不会怀疑自己受到了轻视或嘲笑，即便事实真的如此，他也会毫不在意，他宁愿保持沉默，也尽量不与人争吵。低俗的人喜爱探听市井流言，醉心于家庭小事；有教养的人则不会蝇营狗苟，为家庭琐事纠缠不清。

其次，语言的低俗。有品位的人对自己的语言是极其在意的。他们的语言谦虚有礼，而低俗的人却巧言善辩，而且喜欢套用谚语和陈词滥调。有些时候，他为了经常使用一些挂在嘴边的口头禅，会不顾场合地胡乱使用，比如"气死了"、"丑死了"等等。低俗的人有时还爱使用一些晦涩难懂的词句，他极力表现自己说得正确，以显示自己与上流人士没什么不同。

拙劣的语言、不雅的行为很容易显示出一个人低下的教育水平和低劣的朋友圈子。而常与有品位的人士接触，则会改变一个人拙劣的言行举止。

一个人内在的德行和知识常会从他得体的衣着、优雅的风度上表现出来。衣着和风度的作用就像光泽之于钻石，不论钻石有多贵重，没有光泽的表面也不会有人佩带。在生意场上，风度举止尤其重要。如果一个人行动仓促匆忙，言语强硬鲁莽，则会给对方造成不快，甚至会惹怒对方。这样的后果可想而知，绝不是令人满意的。

高品位的生活方式绝不是粗俗之心、浮躁之人所能自觉地做到，它需要一种心灵基础，也就是一种心灵的锤炼。

这就是我们所提倡的人生修养。有了修养，一个人才能实现幸福、生命和价值的目标，对生命意义的获得有一种全新的认知。诚如毛泽东所说：这时你才能"成为一个高尚的人，一个纯粹的人，一个有价值的人，一个脱离了低级趣味的人"。否则，财富、荣辱、地位、权力……对于你都可能是很遥远的概念。

对人生修养的认知，是那些能够超越世俗得失的人生价值取向。以直观之心俯视人生运程，孔子的"逝者如斯夫"的旷世凝思，老子的"人法地，地法天，天法道，道法自然"的大智判断。一个人只有具备了这种超越感，其生存状态才能够实现本质意义上的自觉。而这种超越感的获得，只能是人生修养达到一定境界的结果。

把自己的价值观坚持到底

　　每个人的价值观都会因社会背景和人生经历的不同而呈现出很大的差异。当你的价值观和他人的价值观发冲突时该怎么办？有些人就会因此而妥协，盲目地惟他人的价值观是从。他们不懂得拒绝，只知道随大流，这样的人不仅做不好人生定位，更活不出自己的品位。而有品位的人一旦确立了自己的价值观，就会将它进行到底。

　　易卜生曾经说过："倘若你把整个世界弄到手，却丢了'自我'，那就等于把王冠扣在苦笑着的骷髅上。"世界上最可怕的事情就是迷失自己的价值观，一旦在盲从中失去了自我，无论如何是换不来真正的人生地位。

　　所谓从众效应，是指个体受到群体的影响而怀疑、改变自己的观点、判断和行为等，以和他人保持一致。在日常生活中通常表现为"随大流"、"无主见"。在认知事物、判定是非的时候，多数人怎么看、怎么说，自己就跟着怎么看、怎么说，人云亦云；多数人做什么、怎么做，自己也跟着做什么、怎么做，缺乏独立思考的能力。

　　例如，你骑着自行车来到一个十字路口，看到红灯亮着，尽管你清楚地知道闯红灯是违反交通规则的，但是你发觉周围的骑车人都没有停车，而是对红灯视而不见往前闯，于是你犹豫了一下，也跟着大家一起闯红灯。

　　比如，你经过几天几夜的思考，获得了一个自以为很好的新想法。当你把这个想法告诉一位同事，那位同事说："你错了！"你又告诉第二位同事，第二位同事还是说："你错了！"于是，你告诉自己："大家都认为我是错的，看来我的确是错了。"

　　再比如，你与朋友们上街购物，在琳琅满目的商品中挑来拣去，你选中了一件自己喜欢的首饰，但朋友们普遍认为这件首饰不怎么好，不怎么适合你，而且太贵等等，罗列了一大堆意见。迫于多数人这种"无形的意见压力"，你最终放弃了自己的选择。

上述的种种现象都是价值观不坚定的盲从。

人都有保护自己的本能，从众往往是保护自己所采取的一种手段。人是一种社会的动物，渴望被社会和他人认同；而人也是自恋的动物，总是喜欢与自己类似的人，而排斥那些与众不同的人。所谓"责不罚众"、"枪打出头鸟"，人们害怕自己被孤立，被排挤，被抛弃，于是选择同大多数人步调一致，在人群中隐藏自己。

但是，一旦养成从众的坏习惯，人往往就变得缺乏主见，缺乏个性了，随之个人的判断力也受到影响。

1952 年，美国心理学家所罗门·阿希设计实施了一个实验，来研究人们会在多大程度上受到他人的影响，而违心地进行明显错误的判断。他请大学生们自愿做他的被试者，告诉他们这个实验的目的是研究人的视觉情况的。当某个来参加实验的大学生走进实验室的时候，他发现已经有 5 个人先坐在那里了，他只能坐在第 6 个位置上。事实上他不知道，其他 5 个人是跟阿希串通好了的假被试者，也就是所谓的"托儿"。

阿希要大家做一个非常容易的判断——比较线段的长度。他拿出一张画有一条竖线的卡片，然后让大家比较这条线和另一张卡片上的 3 条线中的哪一条线等长。判断共进行了 18 次。事实上，这些线条的长短差异很明显，正常人是很容易做出正确判断的。

然而，在两次正常判断之后，5 个假被试者故意异口同声地说出一个错误答案。于是真被试者开始迷惑了，他是坚定地相信自己的眼力呢，还是说出一个和其他人一样、但自己心里认为不正确的答案呢？

从总体结果看，平均有 33％的人判断是从众的，有 76％的人至少做了一次从众的判断。而在正常的情况下，人们判断错的可能性还不到 1％。当然，还有24％的人一直没有从众，他们按照自己的正确判断来回答。

可见，在人群中，还是有相当部分的人受到从众习惯的影响。当然，在特定的条件下，由于没有足够的信息或者搜集不到准确的信息，从众行为是很难避免的，并且，从众行为的确是一种保护自己的有效方式。通过模仿他人的行为来选择策略并无大碍，有时模仿策略还可以有效地避免风险和取得进步。

但是，我们必须区分各类情况，而不是让自己养成盲目从众的习惯，让自己的价值观形同虚设，让自己的判断力和主见，让自己的自信和个性，在一次次打击中消磨殆尽。

最常见的一种情况是，很多时候，我们常被人们支配。他们最常挂在嘴边的是："你应当……"、"你不应该……"一般人碰到这类要求，通常都很难回绝，尤其是提出要求的人是你最亲密的伙伴，"不"字就更难开口了。日子一久，这种互动关系定型后，就形成了一种盲从的习惯。

万一哪一天对方又要你做这个做那个，而你却坚持己见时，那会发生什么事呢？一方面，对方一定会勃然大怒，认为你违背了双方的承诺；另一方面，如果你坚持不做这些"应该"做的事，你会心生愧疚。

不要忘了，我们有权力决定生活。该做些什么事，不应由别人来代做决定，更不能让人来左右我们的意思，让自己成为傀儡。况且，他人并不见得比我们更了解情况，也不会比我们聪明到哪里去，所以，他们所提出的这类"理所当然"的事很可能不是我们的最佳抉择。你的最佳抉择还是应该经由自己深入分析、思考之后，所做的独立判断来取舍。

特别是在职场中，学会说"不"，是办公室政治中的重要策略。这关系到你是否做得顺心如意。然而，有些人几乎是到了鞠躬尽瘁的地步。主管交给他的任务，他从来不打马虎眼，要求他额外超时加班，他也毫无怨言，同事拜托他的事，不管是不是他分内的职责，他总是不忍拒绝。其实，他早已忙得分身乏术，焦头烂额，但他还是强打精神说："没事！没事！"没有人知道他累得半死，但是，他就是不愿开口对人说"不！"

最明显的现象莫过于，你总是强迫自己做一些你并不想做的事，即使有不满的情绪，你也强忍去做。你认为别人把这些事情交给你做，是因为看得起你，信任你的能力。如果你一旦拒绝，别人就会怪罪你，批评你不善于与人合作，使你产生一种罪恶感。总而言之，你不希望自己的拒绝恶化了你在别人眼中的形象，影响自己的前程。殊不知，这样的做法恰恰事与愿违。

事实上，我们常常过度在乎自己对别人的重要性。就好像我们常常听到调侃别人的一句话："没有你，地球照样在转动。"这句话的意思是说，没有什么人是不能被取代的。如果你把每一件事都看成是你的责任，妄想完成每一件事，这无异于自找苦吃。你真正该尽的责任是，对你自己负责，而不是对别人负责。你首先应该认清自己的需求，重新排列价值观的优先顺序，确定究竟哪些对你才是真正重要的。把自己摆在第一位，这绝不是自私，而是表明你对自己道德意识的认同。

你虽然赞成这种说法，可是你觉得还是有些为难，你不知道该如何开口说"不"。真有那么困难吗？其实，那是我们的本能。心理学家说，人类所学的第一个抽象概念就是用"摇头"来说"不"。譬如，一岁多的幼儿就会用摇头来拒绝大人的要求或者命令，这个象征性的动作，就是"自我"概念的起步。

"不"固然代表"拒绝"，但也代表"选择"。一个人通过不断的选择来形成自我，界定自己。因此，当你说"不"的时候，就等于说"是"，你"是"一个不想成为什么样子的人。

著名的指挥大师小泽征尔有一次去欧洲参加指挥家大赛，在进行前三名决赛时，评委交给他一张乐谱，作为演奏曲目。演奏中，小泽征尔突然发现乐曲中出现了不和谐的地方，以为是演奏家演奏错了，就指挥乐队停下来重奏一次，结果仍觉得不自然。

这时，在场的权威人士都郑重声明乐谱没有问题，而是他的错觉。面对几百名国际音乐权威，他不免对自己的判断产生了动摇。但是，他考虑再三，坚信自己的判断没错，于是大吼一声："不，一定是乐谱错了！"

他的喊声一落，评委们立即向他报以热烈的掌声，祝贺他大赛夺魁。原来，这是评委们精心设计的"圈套"，以试探指挥家们在发现错误而权威人士又不承认的情况下是否能坚信自己的判断。

因为一个"不"，小泽征尔成就了自己崇高的地位。

世界上的你永远只有一个，没有必要一窝蜂似的跟着大家做同样的事情。无需按照他人的要求和眼光来要求和约束自己，也没有必要为了别人而改变自己。盲目从众的后果只会牺牲自己的价值观。一个连价值观都没有的人怎么做出正确的选择和人生定位呢？

牛津大学教授马蒂亚斯·夏尔曼也曾经说过："我们不是培养绵羊，而是培养有高度个性的人，这些人今后无论在什么形势下，都能做出正确的选择。"成功者与失败者的分水岭往往就在于是否坚持了自我，能否减少盲从行为，运用自己的理性判断是非并坚持自己的判断。所以，如果你现在还不够自信，总是随波逐流，随风而倒的话，请一定从现在开始提醒自己，坚持自己的价值观，而不是在他人的价值观中迷失自己的品位。

品位有多高，梦想就能走多远

每个人都有自己的梦想，但梦想的高度是不一样的。决定梦想高度的关键因素就是个人的品位。

三个工人在砌一堵墙。

有人过来问："你们在干什么？"

第一个人没好气地说："没看见吗？砌墙。"

第二个人抬头笑了笑，说："我们在盖一幢高楼。"

第三个人边干边哼着歌，他的笑容很灿烂："我们正在建设一座城市。"

10年后，第一个人换了另一个工地，不过还是砌墙；第二个人坐在办公室里画图纸，他成了工程师；第三个人呢，是前两个人的老板。

三个同样起点的人对相同问题的不同回答，显示了他们不同的人生品位。10年后还在砌墙的那位胸无大志，当上工程师的那位理想比较现实，成为老板的那位却志存高远。最终，他们的人生品位决定了他们的命运：品位越高，走得越远，没有品位的人只有被动地任由命运的安排。

做任何事，都不会一帆风顺，总要面临曲折，面临艰难的选择。这就要求你不管出现什么情况都要以崇高的品位审视眼前的路，从长远的角度出发给自己定好位。同时，有品位、有思想的人总是能预见未来。因此，不能拘泥于现状，要扩展自己的思想领域，你必须能更深入地比别人看到问题和未来可能的发展，预见未来增加的价值，确定你的远大理想，把自己造就成伟大的人物。

许佳有两个学建筑学的朋友，一个朋友真心喜欢建筑学，到美国华盛顿大学去深造，其实他知道在美国学建筑学是没有太大的前途的，因为美国的房子，除了世贸大厦继续盖以外，摩天大楼都盖得差不多了。他到美国学建筑学的目的，就是为了以后回到中国来工作，因为他知道中国的地产业红火。3年后，他回到中国，现在在某个非常有名的建筑公司成了非常著名的建筑设计师，年薪上百万人民币，非常成功。

而许佳另一个朋友也是学建筑学的，他学建筑学的目的是留居美国。他在国内学的就是建筑学，而且是在中国非常好的建筑学院。但是他的目标是要留在美国。在美国学完建筑学出来可能找不到工作，在 1998 年刚好是美国的电脑学习非常热的时候，学建筑学的他改成学电脑是比较容易的，因为他本身在学建筑的时候，必须学电脑，因此他就改学了电脑，而且是自费。他想反正电脑我学完，两年以后出来，我就能找到至少 5 万美元的工作，因此他学得很认真，也学得确实不错。但毕竟是半路出家，跟真正学电脑专业的人相比还是有差距的。结果等到他毕业的时候，又遇到了美国电脑经济泡沫，也就是 2001 年，这个时候出来以后，大批专业电脑人员都由于竞争激烈离职了，何况你这个半路出家学电脑的。因此，他到现在为止已经一年半了也没有找到工作，但是他想留在美国，所以现在不得不在饭馆打工来维持自己的生活。当他在美国找不到工作的时候，他曾经跟许佳讨论过，要不要重新回去学建筑学。结果他发现，已经回不去了。理由很简单，两三年以后，他在建筑学领域已经变成落后分子了。

同样是在美国学建筑学的两个人，因为人生目标不同，差别迥异。后者的人生目标是留在美国，前者的人生目标是建筑学，他要为人们建造美好的，而且是为中国人民建造美好的住房。目标不一样导致了最后生活的完全不同。目光的长远与否，对自己的人生目标热爱不热爱，造成了他们的生活境界、水准和幸福都完全不同。两个人都是学建筑学的，就是因为人生目标的设定不同和眼光的长远与否：一个是想要回中国来为人民造好房子，一个是为了留在美国。结果，第一个人现在是百万富翁，第二个人现在连工作都没有。

后者的人生定位带有太多的暂时性和短暂性。也就是说，他是为了能留在美国，为了能够找到一份好工作而学电脑，却并不是因为打算以电脑为职业，具有明显的功利性甚至是盲目性。

对于任何一个人来说，人生定位的确定和你的价值观、前途、兴趣必须密切相关。在设定定位目标的时候，你可以有暂时的功利性，但是，这个暂时的功利性，要跟你的职业发展相结合。要考虑长远，要有预见性。具体地说，在设定目标时，要把近期目标与长远目标结合起来。要基于自身的能力、发展潜力和社会经济发展的趋势，勾画出自己的职业生涯的长期目标。它具有"未来预期"、"宏观综合"、"人生理想"、"发展方向"、"引导短期"和"自身可变"的性质。长期目标一般为10年、20年、30年，是短期和近期目标所追求的最终目标。

另外，在为自己设定人生目标的时候，不要太受社会大环境影响。比如说，社会上今年需要电脑人员，明年可能需要工商管理人员，因为从众心理，极有可能等到你学完工商管理的时候，社会上的工商管理人员已经过剩了，结果你还是找不到自己的位置。

任何时候都要有长远的眼光。做任何事，都不会一帆风顺，总要面临曲折。这就要求你在最困难的时候，要有崇高的品位，自己给自己定好位。

许多人往往对自己的能力缺乏自信，他们虽然具备足够的能力，但却自惭形秽，常把自己放在一个低人一等，不被自己喜欢，进而演绎成别人看不起的位置，并陷入不能自拔的境地。缺乏自信的人是不可能赢得真正的成功的，更不可能得到真正的幸福，因为健全的自信往往是导致成功的关键。

梦想是人类的天性，成功者会展开梦想的翅膀，立定目标飞向诱人的未来，追求人生的成功。信念多一分，成功就多十分。充满信心的人，信念能移山；把成功看得很艰难，自己不能实现的人，不会成就事业。

拿破仑认为，如果你是一只鹰，你就有飞翔的本能。只要你的品位够高，你就一定能真正飞起来。

从儿时梦想到人生的定位

相信大多数人在上小学的时候，都让老师问过这样的问题：你将来想成为什么样的人？答案多种多样：喜爱文学的女孩扬起笑脸说要当个作家；个子高高的体育委员说要当个篮球教练；成天喜欢在纸上画画的男孩说要当个画家；戴眼镜的学习委员说他要当个探险家，周游全世界……

现在回头想想这些伟大的梦想，真的忍不住让你惊叹：那时的我们可真有品位！

正是这些伟大梦想伴随着我们长大，或许并非每个人都能实现自己儿时的梦想，可毕竟儿时的梦想对我们的一生产生了深远的影响。在忙碌的工作中，你是否应该时常停下来想一想：我儿时的梦想是什么？

儿时的梦想，其实就是我们对自己人生的朦胧定位，尽管那时我们并不懂得定位的含义。

人是世界上万物的精灵，人类自来到这个世间那一刻起，就注定了要为自己的地位而奔波。

曾经流行这样一句格言："地位本非天定，定位自在人为。"决定人的地位的因素很多，比如社会背景、家庭环境、生活际遇等都是决定人的地位的因素。有些时候，在相同的条件下，有的人成功了，有的人失败了，为什么呢？这其中对自己的定位是否正确起了决定作用。不同的定位会有不同的地位，这是亘古不变的真理。

很多人在社会上生存而没有地位，原因不在于社会对你不公，而是你不能给自己好好地定位。胸无大志者是难做大事的，胸怀大志者是立长志而不是常立志。所以，好的地位先从好的定位开始。如果你希望明天的地位得到提升，你今天就得给自己一个好的定位。

职业定位是人们最基本的定位，是个人对自己未来所从事的职业和发展目标所作出的想象和设计，是个人在职业发展追求中所要达到的一种境界。

掌握职业定位所形成的规律和特点，确立正确的职业定位，不仅有助于正确地求职择业，迈好职业生涯中重要的一步，而且，参加工作后有利于在职业岗位上施展才华，最大程度地实现自己的人生价值和职业发展目标。

美国著名橄榄球员奥伦索·辛浦森从小就因为营养不良而患有软骨症，在6岁时双腿变成弓形，而小腿更是严重萎缩。然而，在他幼小的心灵里，就一直藏着一个除了他自己，没人相信会实现的梦，那就是有一天他要成为美式橄榄球的全能球员。

他是传奇人物吉姆·布朗的球迷，每当吉姆所在的克里夫兰布朗斯队和旧金山四九人队去旧金山比赛时，他便不顾双腿的不便，一跛一跛地来到球场去为心中的偶像加油。由于他穷得买不起票，所以只有等到全场比赛结束时，从工作人员打开的大门溜进去，欣赏最后的几分钟。

13岁那年，他终于找到了一个机会与心中的偶像面对面地接触，他大大方方地走到这位大明星的面前，大声对他说道："布朗先生，我是你最忠实的球迷！"小奥伦索·辛浦森挺了挺胸膛，眼睛闪烁着光芒，充满自信地说道："布朗先生，有一天我要打破你创下的每一项纪录。"

后来奥伦索·辛浦森果如其言，在美式橄榄球上打破了吉姆·布朗所创的各项纪录，并创下了新的纪录。

这其中的辛苦、艰难的过程我们自不用说，但有一点我们必须强调，就是小奥伦索·辛浦森身残志坚，但身残并不影响他崇高的品位，所以，他的目标就是超越自己的偶像。不用说，他的地位肯定是远远超越了他的偶像。

设定你真正想要的目标

一个人无论做什么事情、从事什么职业，最终结果几乎都与他的品位息息相关。从你踏入社会的第一天起，你就面临多种不同的人生方向，而选择方向的依据就是你内心的品位。如果向往大海的辽阔，你就会向东走，如果你向往戈壁的荒凉，你就会向西跋涉；如果你喜欢湿润的气候，你自然会向南而去，如果你喜欢塞北的清凉，就会让北极星给你指路。

只要你做出了选择，你的经历就会因选择而异，最后所产生的结局也会完全不同。因此，从一定意义上说，你想成为什么样的人完全来自你的内心。

首先，你要有明确的目标。如果没有目标，就没有方向，成功就无从谈起，也无法吸引志同道合的朋友。

我们明白了目标的重要性，那么我们的目标，或者说是理想、追求具体又是什么呢？成功的政治家？成功的商人？还是其他？这些都不重要，关键在于我们有了适合自己的明确的目标。

由此说明，目标定位对于人生有着巨大的导向作用。有了目标，人的生命才能在有限的时空里，最大限度地释放能量。同时也说明，成功者必定是目标意识强者。

征服世界的往往是这样一些人：开始的时候，他们试图找到梦想中的乐园，最终，当他们无法找到时，就亲自创造了它。拿破仑说过："我成功，因为我志在成功。"一个人拥有什么并不重要，重要的是他如何获得他想要的东西。远大的理想，才能造就远大的前途。

目标是做事的一个灯塔，我们所有的精力与气力都是为它储备的。目标的大小直接决定着成功的大小。

有这样一个故事。在一个炎热的夏日，一群工人正在铁路的路基上工作，一列缓缓开来的火车打断了人们的工作。火车停了下来，最后一节特别的车厢被人打开，一个低沉而友好的声音——吉姆·墨菲，这条铁路的总裁向这群工人的负责人——杰克问候，他们进行了愉快的交谈，而后热情地握手言别。

杰克的下属们立刻将他围了起来，他们对于杰克是墨菲铁路总裁的朋友感到惊讶。杰克解释说，10多年前，他和吉姆·墨菲同在一家铁路公司工作。

其中一个工人半开玩笑地问杰克："那为什么你现在仍在烈日下工作，而吉姆·墨菲却成了总裁呢？"

杰克非常伤感地回答说："10多年前，我为1小时1.75美元的薪水而工作，而吉姆·墨菲却是在为一整条铁路而工作。"

有品位的理想造就有地位的人物，当你有远大的目标时，你才能取得事业上的成功。

目标的设定是人生定位的核心。如果你不知道你要去哪儿，那么你就哪儿也去不了。目标是一种发现，人们往往要经过一番危机之后才能找到适合自己才能、追求的目标。

美国作家盖尔·希伊通过调查发现，成功人士和自我满意的人，至少有两个共同特点：第一，他们有更多的亲密朋友；第二，他们努力实现一个难于达到的目标。这些开拓者们觉得这样的生活很有意义，而且更会享受生活。

明确的目标和一定难度结合在一起，即会产生明确度高、难度适中的目标，容易产生较好的成绩。设定目标定位应该符合几点要求，那就是：

真正了解什么是最重要的事情，有助于合理安排时间；

给行为设定明确的方向，充分了解每一个行为的目的；

清晰地评估每一个行为的进展，正面检讨每一个行为的效率；

把重点从工作本身转移到工作成果上；

在没有得到结果之前，也能看到结果将要实现的希望，从而产生持续的信心、热情和动力。

目标并不是一种天赋的秘密，你应当想象到将来种种的发展，继而发展出你的目标，不可做一个空泛的梦想者。要知道如何切实前进，从你现在的位置，向着你要达到的位置前进。

你要清楚地认识自己，要清楚你将来想做什么人，就要看看你现在是什么人。目标能刺激你把现在的事情做好。只有把眼前的事情解决好，你才能够向着目标前进，把目标作为你的向导，在前进中解决你所遇到的种种问题。

人生的道路都是自己选择的，命运在你手中，你想成为什么样的人，你才能成为什么样的人。这个世界只有你能决定自己的命运。

如果你是一位出租车司机，有乘客要坐你的车，你问他："先生要去哪里？"他却回答："我不知道。"你一定会觉得很可笑！那些不为自己设定人生目标的人，就像上了出租车后却不知去哪里。司机不管去哪，对你而言都无所谓，会到什么地方，谁也不知道，这样是不是很可怕？这样的车，肯定会迷路，因为它没有目标。

为什么不先搞清楚目的地，然后拿一张地图，明确地找出能够到达目的地的几条路？这样的人生有着一个接一个的目标，有着详细的计划与时间表，过你真正想要过的生活，做你真正想做的事情，岂不是很好吗？

有什么样的目标，就有什么样的人生；没有目标的人，将迷失一生。

很多人说："我有目标呀！我的目标就是要还清欠债，还要养活一家大小！"

这样的目标，你觉得有什么崇高的品位可言？会让你积极向上吗？是你要的人生吗？

人生要充满干劲，就要有一个令你心动、充满吸引力的目标，这才会让你拿出行动来设法实现它，才会有一个快乐的生命。

要得到一个有价值、有意义的人生，就要设定你真正想要的有品位的目标。比方说，你想成为行业中的顶尖人物，获得一些不平凡的成就，实现你儿时的梦想或是赚取多少财富，去哪个国家游玩，与什么人交友，学到什么新能力，拥有一个健康的体魄，都可以当作你的目标，而不是把那些令你心烦又提不起劲的痛苦的事当目标。

现在就静下心来，好好想一想，到底未来20年你想实现什么目标，想住什么样的房子，开什么车子，交什么朋友，拥有什么事业，成为什么样的一个人，将你一生所有的目标全部想象一下，并把它写下来。别再像以前一样负债累累、浑浑噩噩，不知人生方向，迷茫地过日子，虚度人生了。

第二章

人生的成功需要一个高品位的人际关系

　　人生来就是群居性的动物，没有谁可以孤立地存在于世。特别是在这个人脉制胜的时代，人际关系更是决定一个人生活质量的关键因素。人际关系不是与生俱来的，需要你在成长的过程中努力经营。那么，决定一个人人际关系质量的最主要的因素是什么？是出身？是机遇？是性格？归根到底，还是品位。

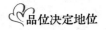

结识有质量的人为友

俗话说："近朱者赤，近墨者黑。"与什么样的人交往就有可能成为什么样的人。如果你想成就一流的地位，就必须结识一流的人物为友。

在自己所处的环境里，只有与站在顶点地位的一流人物交往，并学习其观念、优点、做法，才能引导自己向上。名流中固然有名不副实者，但毕竟大多数人确有本事和才能。倘若能吸取他们经验和观点中的精华，对你的生活和工作必将大有助益。而与那些远不及自己的人往来，最后很容易使自己落到那些人之中。

结交一流的人物为友也可能获得更切实的帮助。如果你立志在商界干出名堂来，首先就要想办法接近商界名流，与其交往，建立起良好的信赖关系。一旦与你建立了信赖关系，他就会考虑："替这个人找个机会造就人才吧。"如此一来，你的命运可能会大获改观，甚至可能脱胎换骨，走入名流社会。可能你还没有真正认识到，有名的人往往有深远的影响力，一句赞许的话就可能使你受益良多。

在心理学上有一种"趋势"心理，就是结交、崇拜、依附有名望者的心理。绝大多数的人都有这种心理，只是程度不同而已。它反映人在心理上希望提高自己的社会地位，平等地与名人交往。

有一个著名的公关专家曾经说过这样一段话："要发展事业，人际关系不容忽视。费心安排的话，人际关系便能由点至面，进而发展成巨树。有了巨树我们才能在巨树的阴凉下休息，坐享利益。社会地位愈高的人，在拓展事业的时候，人际关系愈是重要。但是，总不能因此就拿着介绍信去拜会重要人物。就算登门造访，人家也未必有时间见你，因为各界顶尖的人物们，通常都排有紧凑的日程表，即使见面，大概顶多也不过 5 分钟、10 分钟的简短晤谈，无法深入。所以，制造与这些人物深入交谈的机会，非得另觅办法不可。"

而另一位著名的企业家却通过"十年修得同船渡"的方法结识了许多社会名流，他的经验是："在每次出差的时候，我都选择飞机的头等舱。一个封闭的空间，不会有其他杂事或电话干扰，可以好好地聊上一阵。而且搭乘头等舱的都是一流人士，只要你愿意，大可主动积极地去认识他们。我通常都会主动地问对方：'可以跟您聊天吗？'由于在飞机上确实也没事可做，所以对方通常都不会拒绝。因此，我在飞机上认识了不少顶尖人物。"

知道结交名流也是人之常情，你就无须畏缩，只需要拿出勇气和智慧来，与名流交往、沟通，不断地从内在和外在两方面一起提升自己的品位和地位，一步步迈入名流行列。

当然，对于一个普通人来说，要接近那些有名望的大人物不是件容易的事，可遇而不可求，所以，你要时刻做好这方面的准备，一旦遇上了就绝对不要错过机会。而在日常的工作和生活当中，你要慢慢培养这方面的意识，尽量结识有质量有品位的人为友。

借你一双识友的慧眼

实践证明，越是龌龊小人越善于伪装，他们千方百计地靠近你，和你交朋友，无非是为了利益的驱使，直到你失去了被他们利用价值，达到了他们不可告人的目的，他们就会拍屁股走人，根本没有什么友情可言。而等到你明白的时候，已经为时已晚。所以，在事前练就一双识友的慧眼是非常重要的。

首先，要远离小人，要看清他们的真面目。

中国历史几千年，小人无时不在，只是小人们的表现有所不同。古代社会中，小人们见利忘义，好造事端。而现代社会中，小人们追逐名利，欺世盗名，出卖朋友，这就要求我们要仔细去识别他们。小人具体表现为以下几点。

（1）喜欢造谣生事。小人的造谣生事都另有目的，并不是以造谣生事为乐。表现最突出的两个方面是道听途说和以讹传讹。道听途说，本身缺乏完整性和可信性。以讹传讹，往往危言耸听，害人匪浅。这种人多是无所事事，游手好闲的人，他们以评头品足、恶语中伤为能事。街头出现一件新鲜事，他们恨不得添油加醋地评论三个月。造谣滋事成为他们精神生活的一部分。

（2）喜欢挑拨离间。为了某种目的，小人可以用离间法，挑拨同事间的感情，制造他们的不合，好从中取利。

（3）喜欢阳奉阴违。小人表现为"志色辞气，其人甚偷；进退多巧，其人甚数；辞不至少，其所不足；其所不足，谋而不已。"这种人的言论在言语、表情上看都是假象；办事好投机取巧，讨好别人却不厌其烦；花言巧语不少，但值得相信的不多，不负责任，一肚子坏点子。

（4）喜欢踩着别人的鲜血前进。这就是说，小人喜欢利用你为其开路，而你的牺牲他们是不在乎的。或者落井下石，只要有人跌跤，他们会追上来再补一脚。明明自己有错，却死不承认，硬要找个人来背罪。

（5）小人言行多变。小人对人前后不一，态度反复无常，行为不淳朴厚道。他们是"规谏而不类，道行而不平"的人。这种人虽也进谏，但都是讲些不伦不类的事，表面上道貌岸然，实际办事却很不公道。他们这样做无非是为了捞取名誉，所以欺世盗名。这些小人具有恶劣的品质，危害很大。另一方面，君子在明，小人在暗。俗语说："明枪易躲，暗箭难防。"必须小心提防。因为小人为恶，若做一些明显易知的事，我们可以心存防范之意，而不至于被骗或受到很大伤害。但是，伪君子类的小人便不同了。他明里是个君子，表面伪装得一副道貌岸然的清高模样，暗地里却做着违反常伦、伤天害理、阴险狡诈的事情，那便是个令人寒心的伪君子。使我们信任他而疏于防范，而使我们所受到的伤害更大了。

（6）口蜜腹剑。人们之所以受到小人的伤害，重要一点就是不善于识人，错把小人当君子，误把骗子当朋友。在现实生活中，尽管那些居心叵测的人善于伪装自己，但由于其本身之意在于存心害人，所以，不论他伪装得多么巧妙，总会露出马脚。可以通过他的言谈举止及处理问题的具体方式诸方面来观察他的人品。

我国古代一位名相王安石在变法期间屡受非议，有一个叫李师中的小人乘机写了篇长长的《巷议》，说街头巷尾都在说新法好，宰相好，为王安石变法提供雪中送炭般的舆论支持。但王安石一眼就看出了《巷议》中的伪诈成分，于是开始提防这个姓李的人。生活中往往有两面三刀者，就是采取各种欺骗方法，迷惑对方，使其落入陷阱，达到自己的企图。在当代，也不乏口蜜腹剑的阴谋家。他们就在我们的周围，他们看到你直上青云就会逢迎拍马，专捡好听的话讲；他们看到你事事顺心、进展神速而在背后造谣生事，向上层人物进谗言，陷你于不利；他们将欺骗、谎言、圈套等套在你身上，使你翻身落马；他们看到你堕入困境则幸灾乐祸、趁火打劫。所有的这一切，我们岂能不防呢？

人是很复杂的，了解一个人并不是一件简单的事。但只要我们注意观察，就可以通过一个人的喜好了解他的素质、修养和品德。

物以类聚，人以群分。只有性情相近、脾气相投的人，才能走到一块儿成为朋友。如果对方的朋友都是一些不三不四、不伦不类的人，他的素质不会太高；如果他结交的都是些没有道德修养的人，他自己的修养也不会太好。有的人交朋友以性格、脾气取人，能说到一块就是朋友；有的人则以追求取人，有相同的追求就能成为朋友；有的人则因为爱好相同而走到一起。但无论如何，只有修养相当、品质差不多时才能成为永久性的朋友。所以，了解一个人的朋友也就了解了这个人。

下面是几种观人识人的方法：

（1）观察人时，看他结交什么样的朋友，看他实现追求的事物所使用的方法，看他安心于什么。不安心于什么，那么，这个人还能隐蔽自己吗？

（2）人的错误有各种类型，什么类型的人就犯什么类型的错误。分析其错误的类型，就可以知道犯错误的人是何种类型的人。

（3）看人与何种人交往，看他说的事能否实现，言行是否一致。不要以别人对他虚誉浮夸来判断其人的品行，也不要以别人对他的攻击诽谤来判断其人的素质。这样，人们就会作表面文章来哗众取宠，也不会掩饰自己的真实目的。因此，了解他人时，看他得志时举荐什么人，建议办什么事；他不得志时不会做什么事；他富有时怎样使用财物；贫穷时不苟取什么利益。上等的知识分子，很难请他们出山，但他们都极易让位给比他们强的人；下等人，容易出来做事，却极不愿意让位于更有能力的人，通过这几方面的观察，大体上就可以了解人了。

（4）如果一个人，对内能孝敬亲人，对外能真诚地对待朋友，是得到真正做人的道理的人；如果一个人，对内不孝敬亲人，对外没有真诚的朋友，就不是得到做人的道理的人，这种人能做什么好事呢？所以，评价人时，不以他可能或应该做什么为依据，而应以他已经做的事为依据，就可以推测他必然会做什么事了。

总之，对亲人很孝敬，对上级很忠诚，对朋友讲信用，对乡亲讲团结，有这四种行为的人，可以叫做君子。他们的美德世人称颂，是我们交友的首选。

大难临头时的不离不弃

在你一帆风顺，春风得意的时候，你的人缘最好，朋友也最多。但这些朋友并不一定都是患难与共的真朋友，在他们信誓旦旦的背后，可能藏着另一副嘴脸，只要等到你大难临头时候，他们才会原形毕露。而那些真正的朋友，无论你处在什么样的境地，他们都会不离不弃，这些人才可称为"挚交"。

所以说，一个人是否有崇高的道德、坚持的节气，只有经历了危困，才能看得出来。

要避免交上一个不可靠的朋友，就要采取下列方法，交朋友首先得有共同的操守和共同的志趣，不分年长年幼，也不分男性女性，但思想必须站在同一高度上才有可能成为真朋友。如果没有这个基础，就很难说他是不是你的真朋友。在人们遇到困难、危机的时候，非万不得已时是不会向朋友要求什么的，一旦求到就说明了求助者对朋友的信任和认同。而真朋友往往是即使自己倾家荡产，牺牲性命也会举义相助的。见死不救，落井下石者绝不会是真朋友。朋友应是以心相交的，所以，当他们发现彼此身上存在的缺点时，肯定会诚心诚意地直接指点出来，不会有任何顾忌。这种敢言的朋友是真朋友，文过饰非，有所保留的不见得是真朋友。

其次是要重视义。三国时孙策夺取丹阳后吕范要求暂领丹阳都督的职务。孙策说："我现在已经拥有很多兵马，怎么再委屈你做这小官呢？"吕范说："我舍去本土托身于将军，就是为了同你一起共创大业。我俩像是同舟涉海，存亡相关，稍有不慎就要遭到失败。这就是我的忧虑，不单单是您啊！现在丹阳这样重要，关系全局，还计较官职大小吗？"孙策非常感动，认为这是他可以共生死的朋友，就把丹阳交给了吕范。

大难当头时，人们总是愿意联合起来互相帮助，从而成为真朋好友，但也有很多时候人们不能够共御灾难，在关键时刻背叛情义，出卖朋友来保存自己。是不是真情，苦难之时最好检验，所谓真金不怕烈火炼。

当然，真正的朋友还是有的，也占大多数。但是，在利益得失面前，每个人总会亮相的，每个人的心灵会钻出来当众表演，想藏也藏不住。所以，此刻也是识别朋友和人心的大好时机。

进而言之，岁月也可以成为真正公正的法官。有的人在一时一事上可以称得上是朋友，日子久了，同事时间长了就会更深刻地了解他们的为人、人品。"路遥知马力，日久见人心"，说的就是这个意思。如此长期交往，长期观察，便会达到这样的境界：知人知面也知心。

春秋末年，晋国中行文子被迫流亡在外，有一次经过一座界城时，他的随从提醒他道："主公，这里的官吏是您的老友，为什么不在这里休息一下，等候着后面的车子呢？"中行文子答道："不错，从前此人待我很好，我有段时间喜欢音乐，他就送给我一把鸣琴；后来我又喜欢佩饰，他又送给我一些玉环。这是投我所好，以求我能够接纳他，而现在我担心他要出卖我去讨好敌人了。"于是他很快离去。果然不久，这个官吏就派人扣押了中行文子后面的两辆车子，献给了晋王。

中行文子在落难之时能够推断出"老友"的出卖，避免了被其落井下石的灾难，这可以让我们看到：当某位朋友对你，尤其是你正处高位时，刻意投其所好，那他多半是因你的地位而结交，而不是看中你这个人本身。这类朋友很难在你危难之中不离不弃地施以援手，更不会对你的人生产生任何积极的影响。

这样的朋友绝对没有什么品位可言，也是所有有品位的人唾弃的对象。如果你有这样的朋友，劝你还是趁早和他们"割席"了事。

乐于助人

在他人需要帮助的时候，最能看出一个人的品位和涵养，而这正是决定你有没有人缘的重要因素。

法国思想家卢梭这样说："天底下只有一个办法可以影响别人，就是想到别人的需要，然后热情地帮助别人，满足他们的需要。"

许多人活一辈子都不会想到，自己在帮助别人时，其实就等于帮助了自己。他们会问："明明是我去帮助他们，他们受惠，怎么是帮助自己呢？我受的惠在哪里呢？"其实，一个人在帮助别人时，无形之中就已经投资了感情，别人对于你的帮助会永记在心，只要一有机会，他们会主动报偿的。

人与人之间没有彼此信任，则没有互助互利；没有较深的感情，则没有彼此的信任。在人际交往与关系中重视情感因素，不断增加感情的储蓄，就是聚积信任度，保持和加强亲密互惠的关系。你在感情的账户上储蓄，就会赢得对方的信任，那么当你遇到困难，需要帮助的时候，就可以利用这种信任，你即便犯有什么过错，也容易得到别人的谅解；你即便没把话说清楚，有点小脾气，对方也能理解。

所有的人都需要别人的帮助，然而，许多人不希望帮助别人，也不喜欢帮助别人。可是，成功的人都把帮助别人当作一种习惯，他乐于帮助别人，他善于帮助别人，他习惯于帮助别人，一旦他有需求的时候，别人也会主动来帮助他。

两个钓鱼高手到鱼池垂钓，不久收获颇丰。忽然间，鱼池附近来了十多名游客，也开始垂钓。没想到，他们怎么钓也是毫无成果。

那两位钓鱼高手，一位孤僻而不爱搭理别人，单享独钓之乐；而另一位却是个热心、爱交朋友的人。爱交朋友的这位高手，看到游客钓不到鱼，就说："这样吧！我来教你们钓鱼，如果你们学会了我传授的诀窍，而钓到一大堆鱼时，每十尾就分给我一尾，不满十尾就不必给我。"

对方欣然同意。就这样，这位热心助人的钓鱼高手，把所有的时间都用于指导垂钓者，获得的竟是满满一大篓鱼，还认识了一大群新朋友，而且被他们左一声"老师"，右一声"老师"地称呼，备受尊崇。而另一个同来的钓鱼高手，却没享受到这种服务人们的乐趣。他闷钓一整天，收获也远没有同伴的多。

真正有品位有涵养的人，在别人适逢痛苦或遭遇不幸时，绝不冷眼旁观，而是尽自己的力量和可能给予同情和帮助。即使是再普通的关系也应该表现出你的热情。只有真诚地待人，别人才会真诚地对你。那种虚情假意、华而不实，甚至想捉弄人、看别人笑话的人，是注定不会得到朋友的。只有互助才会双赢。

在帮助这件事情上，存在不同的出发点。有的人帮助别人，就如同别人有喜庆之事他送去一定彩礼，过后希望别人回报一样。这种帮助的方式，说到底是出于私心，并非真诚。有些人帮助别人并没有抱着希求回报的想法，只是真心实意地去帮助别人，别人回报不回报他并不在意。

我们提倡真心诚意地帮助别人，不要怀有某种个人目的，因为一旦对方发觉自己是被利用的工具，即使你对他再好，也只会适得其反。要获得真正成功的人际关系，就只能用一颗真诚的心去与他人交往。以这样的方式去帮助他人，他人才会感到真正的温暖。如果带着个人的目的去帮助他人，只能得逞一时，终将失掉人心。

真正的帮助是不以是否有回报作为出发点的。也正因为如此，无私地真诚地帮助别人才是一种最高的做人品位。

处世之道，义字当头

在中国的传统文化中，人与人之间的交往，最注重一个"义"字，这个"义"字，既是朋友间的情谊，也是一个人品位的象征。没有了这个"义"字，你在"江湖"中可谓寸步难行，而那些有情有"义"之人，总是可以千古流芳，得到他人发自内心的尊重。

在我国东汉时，曾有一位为人称赞的典范，他名叫荀巨伯。此人交朋友特别讲求诚挚，重视"义"字。

有一天，荀巨伯正在房中闲坐，忽然外面有人送进一封书信，荀巨伯打开一看，是自己的远方朋友。信中说：

伯兄，别来无恙？！

愚弟自与兄相识，亦有几度春秋，心中感幸。古人云："人生得一知己足矣。"与君促膝而谈，共话世事短长，何其乐哉？奈何来去匆匆，聚时不易别时也难。千里之遥，遥不可闻，天涯咫尺，共祈明月。

无奈那日染病卧床，僵直难动，抬手举目亦是疲累，念去期之不远，恐弗能与君再会，心中愈感凄凉。此修书一封，薄纸片语无以尽述其意，惟兄知之。

荀巨伯读完信，心中一颤，来不及多想，忙收拾东西，打好包裹上了路。朋友远在千里之外，荀巨伯星夜赶程。走了好几日，来到朋友所在的郡地时，却发现此地被胡人团团围住。

当时，随他同行的人都劝他说："最好还是别进去了，胡人野蛮，弄不好会丢掉性命的。"

他却什么也没有说，自顾前行。

他潜入了城中，城中已是慌乱纷纷，荀巨伯看着慌奔的人群，望着凌乱不堪的城镇街道，心中倍感凄凉，更想到友人卧病在床，心中酸楚，急急寻找朋友居处。

当朋友睁中微弱的双睛见到荀巨伯时，眼睛突然放出异彩，挣扎着颤抖的双手想坐起来，荀巨伯赶紧迎过来伸出双手将他扶住，让他不要动。朋友望着风尘仆仆的荀巨伯，泪水在瘦削得不成样子的脸庞上滚动，喉间咕咕直响，却哽咽着说不出话来。荀巨伯握着友人枯瘦的手，望着病骨嶙峋的友人，也止不住掉下泪来。凄声地说："愚兄应早早赶来才是，愚兄——"

那朋友用微弱的气力使劲摇了摇头，眼睛闭了闭，用细弱的声音说："不，你不要这样说——在这样的时候，从那么远的地方，你却赶来看望我——我——不知该怎样感谢你才好，——我——，我恐怕是没有几天寿限了。现在又遭胡人侵掠，怕是城镇不保。对于一个将要死的人来说，谁来侵略就只管侵啦，一切都无关紧要了。——可是，你必须赶快想办法离开这里，我在临死之前能够见君一面也就心满意足了，——我——不愿让你因为我的拖累而遭到什么不幸，你快走——"

说着，将手从荀巨伯手中抽出来，示意荀巨伯快去逃命，荀巨伯听完立刻说："你这是什么话？你把我当成什么人啦？你病成这样我怎么能抛下你不管呢，那还算什么朋友，你未免太看扁我啦？"

那位朋友苦笑一下，泪水再次涌出，感动得说不出话来。

胡人很快破城而入，四处搜索，抢掠财物，但家家户户已是凌乱不堪，逃的逃，散的散，唯独有一院户秩序井然。胡人进来后见院中一切都很平静，不觉生奇，破门拥入室内，却见一人安然坐在屋中，他们进来后，那人只是看了他们一眼，随即又手端药碗给床上躺着的人喂药，这正是苟巨伯和他的朋友。

胡人当即火冒三丈，大发淫威："我大军所到之处，无不望风而逃，你是何人，竟如此大胆，轻视我等，莫非你要一个人挡住我勇武大军吗？"

苟巨伯将药碗放到床边的方桌上，站起来冲胡兵们一抱拳，说："请你们不要误会，我也不是这里的人，我的家距此有千里之遥，我到这里来是为了看望这位病重的朋友，不想与贵军相逢。现在我的朋友病情很严重，危在旦夕，而由于贵军的到来，大家逃得逃，走得走，可怜我的朋友无人照料。我是他的朋友，理应在此照料他，并非有意与你们做对，如果你们不肯放过我们，定要杀的话，我请求你留下我的朋友，他是一个病人，要杀就杀了我吧！"

说着，将头向前一伸。胡人听完当即全都愕在那里，面面相觑，相视无语，又看看手中亮光闪闪的钢刀。半晌，一个头领说："想不到竟还有如此坚守道义的人，我们以不义之师侵道义之地，实乃罪过！"说着，冲其他人一挥手，"走吧！"

事实就是这样，面对朋友间的真情实"义"，有几个人能无动于衷而不为之所动？这是人间最感人的一道风景，而创造这道风景的人，一定是人们心目中最理想的朋友之选。讲义气，有品位，做人就当如此。

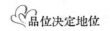

宽容大度，不计前嫌

人无完人，谁都有犯错的时候。如果我们每个人都具有宽容忍让的心态，那么这个社会肯定会变得更加美好，人与人之间的关系也将变得更加和谐。

可是生活中经常会遇到这样一些没品位的人，他们常为一些鸡毛蒜皮的小事争得面红耳赤，谁都不肯甘拜下风，以致大打出手。事后静下心来想想，当时若能忍让三分，自会风平浪静，小事化无，言归于好。事实上，越是有理的人，如果表现得越谦让，越能显示出他胸襟坦荡，富有品位和修养，反而更能得到他人的钦佩。

有一位好莱坞的女演员，失恋后怨恨和报复心使她的面孔变得僵硬而多皱，她去找一位最有名的化妆师为她美容。这位化妆师深知她的心理状态，中肯地告诉她："你如果不消除心中的怨和恨，我敢说全世界任何美容师也无法美化你的容貌。"

许多心理学专家研究证实，报复心理非常有碍健康，高血压、心脏病、胃溃疡等疾病就是长期积怨和过度紧张造成的。当然，报复心还会影响人的交际和事业。

七八十年前的欧洲医学界，几乎没有人不知道阿·居尔斯特兰德的名字。居尔斯特兰德不仅是一位极高明的眼科医生，而且是对眼睛进行深入研究、揭开眼睛生理光学秘密的专家，1911年授予他诺贝尔医学奖时，是由物理学权威们参加审议的，这也是诺贝尔奖颁发中的一件趣事。

居尔斯特兰德是他父亲——文诺·居尔斯特兰德的第三个儿子。老文诺也是一位眼科医生，而且很有名气，他家在瑞典的朗茨克鲁纳，这里最有钱的富豪是玛尔盖勋爵。朗茨克鲁纳海滨的面粉厂、化工厂、造船厂等等，都是玛尔盖的财富。

玛尔盖曾在贫民区创建了一所医院。贫民区原来有个小诊所，就是老文诺的眼科诊所。不但瑞典国内的患者，连北欧其他国家的患者也常慕名而来找文诺就医，可见名气之大。可玛尔盖不高兴，因为这样一来玛尔盖医院的名气就不大了。更何况老文诺以医济世，不以术致富。有人建议请文诺来玛尔盖医院主持眼科，玛尔盖以文诺没有文凭而拒之门外，这使得老文诺气愤至极。

后来玛尔盖发慈悲让文诺的三儿子居尔斯特兰德去医院当见习医生。居尔斯特兰德憋着一口气，想一定要干出个样子来，给父亲出出气。果然18岁时，居尔斯特兰德以优异成绩考入医院；5年毕业后回到父亲的小诊所，他接替了父亲和玛尔盖医院比着干起来。就在这所小诊所里，居尔斯特兰德28岁获得博士学位，他的博士论文轰动了瑞典首都斯德哥尔摩，30岁时他被任命为斯德哥尔摩眼科诊所所长。这样一来，玛尔盖开始后悔当初不应该把事情做得太绝，坏了两家的关系。

偏偏这时玛尔盖家的四小姐芬妮得了严重的眼病，他家医院里的眼科医生都束手无策，眼睁睁看着她一天天走向黑暗。玛尔盖不惜重金，把北欧各国的著名的眼科专家都请来了，然而谁也没有办法。两块黑色的云翳盖在四小姐芬妮的瞳孔上，一动手术就可能失明，不动手术等于有眼无珠，玛尔盖绝望了。最后还是芬妮自己提出：去请居尔斯特兰德。

居尔斯特兰德来了，他好像已经忘记了玛尔盖歧视、冷遇他父亲的前嫌，与对所有的病人一样，为芬妮做手术，结果成功了！重见光明的芬妮爱上了居尔斯特兰德，要将自己的终身许给他，以报答他的恩情。但是，居尔斯特兰德谢绝了。他既没有因前嫌对芬妮坐视不理，也没有因治疗的成功而接受她的爱情，他离开家乡到乌普萨拉大学就任眼科教授去了。

人人都有自尊心和好胜心，在生活中，对一些非原则性的问题，我们为什么不显示出自己比他人有容人雅量呢？

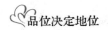

大部分人一旦陷身于争斗的漩涡，便不由自主地焦躁起来，不仅是为了面子，有时也是为了利益。因此，一旦自己得了"理"，便不饶人，非逼得对方鸣金收兵或竖白旗投降不可。然而，"得理不饶人"虽然让你吹着胜利的号角，但这也是下次争斗的前奏。因为这对"战败"的对方也是一种面子和利益之争，他当然要伺机"讨"还。

《增广贤文》是我国民间流传甚广的一本关于做人的小册子，里面收集了许多久经验证的富有哲理的民谚俗语，其中的一条就是："饶人不是痴汉，痴汉不会饶人。"也有把这句话说成："得饶人处且饶人。"这条哲理告诉人们，凡事都应适可而止，自己留下一条后路。

宽容和忍让是制止报复的良方，你经常带上这个"护身符"，可保你一生平安。因为善于宽容和忍让的人，不会被世上不平之事所摆弄，即使受了他人的伤害，也决不冤冤相报，宽容忍让会时时提醒自己："邪恶到我为止。"

当你不给别人留一点活路的时候，任何人都会进行顽强的反抗，这样双方都不会有什么好结果。因此，时刻记得自己的品位，宽容一点，豁达一点。你最终会发现，多交一个朋友，比结一个仇家要明智得多。

处世交友，以情为贵

人与那些低等动物最明显的区别就在于人的感情。这世界上任何东西都可以是假的，唯有感情不能做假。任何以利益为目的而走到一起的朋友，随时都有可能反目成仇，唯有肝胆相照的真情厚谊才是维系人际关系的实在的基础。

何谓人缘？个人和群众的关系好，招人家喜欢，办事便一路绿灯，平常人们所说的"结人缘"意思便是这样。人缘主要是个人与众人的感情联系。一个人应有自己的个性，但为了事业成功，为了大家能接受自己，也必须适当争取人缘。而人缘作为一种人与人感情联系的结果，是人们平时努力争取得来的。

著名青年企业家王英俊就是利用人缘获得成功的一个好例子。王英俊有很多外国朋友。这其中，既有外国的企业家，也有外国的一些著名人物，如美国著名银行家坦姆斯·斯通和日本企业家竹下登。

英俊高科贸有限公司刚刚成立，王英俊马上就想到，应利用坦姆斯·斯通的国际影响，推动英俊公司走向世界。于是，他便向斯通发出了邀请。斯通欣然应邀，当他听到王英俊"凡有利于中美友好的，我都做；凡不利于中美友好的，我都不做"的许诺时，斯通也允诺："那么，今后你要我办事，我不要你的钱。"以后，斯通多次访问英俊高科贸有限公司，为英俊高科贸有限公司快速地与世界各国建立广泛的联系起到了很重要的作用。

王英俊非常重视人缘的建立和维护。他常常做出一些超越公务关系，表示私人友情的举动。有个日本客户一次对王英俊说，最近一个时期实在太紧张，突然秃发。记在心上的王英俊回国后，马上买了30瓶疗效较好的毛发再生精送给他。此外，他还送过竹下登一件中国瓷雕，在一只瓷盒上刻了那位日本企业家的照片。他说："这些礼品并不贵重，它只表示情意。"王英俊称之为"动脑筋的礼品"。

王英俊不但重视与著名人物的交往，对普通客人同样是有情有义。

一次，王英俊接待了一位德国客户。下飞机时恰逢大雨，那位客人浑身湿透了。王英俊一见，立刻叫人把那位商人的衣服弄干，烫平，10分钟内送还，那位德国客人为此深受感动，不仅谈成了生意，而且还成了王英俊的好朋友。

王英俊曾经说过："买卖不成人情在。这是中国老工商业家的法宝之一。

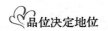

生意人要讲究商业渠道。但同时必须讲究人情渠道。有时人情渠道比商业渠道更重要。板起面孔，硬碰硬，一定做不好生意。我是商场中人，不是官场中人。俗话说商场如战场。但商场毕竟不是战场。商场要用心、用情。"

在商场上如此，在我们的生活当中也是如此。薄情寡义或者虚情假意之人是交不到真正的朋友的，要想有人缘，必须以情动人，这也是对一个有品位的人最基本的要求。

背靠大树好乘凉

事实证明，一个人的能力是有限的，如果单靠自己的拼搏奋斗，而不借助于任何外部资源的帮助，一个人的人生就很难达到一个令人仰慕的高度。但如果能审时度势，找一个势力雄厚的靠山，巧妙地借用人脉的力量，你就能少走很多弯路。虽不能一步登天，但也足以使自己前途和地位发生质的转变。

比如在中国封建社会里，权力渗透到社会生活的各个领域，干任何事情只要凭借权力就能通行无阻，否则就会寸步难行。在这种情况下，若想求得自身的发展，发展官场上的人脉就显得尤为重要。

早些时候，作为一个地域性商帮，徽商与其他商帮势必产生激烈的竞争。为了在竞争中立于不败之地，必须设法扩大影响提高声望，而要达到这一目的除了自身的信誉以外，加强与封建政治势力的关系当然是十分必要的。徽人汪道昆曾说，徽商"游大人而为名高"，一来可以抬高自己的身份；二来可以通过"大人"为自己延誉。交结官员有利于扩大影响，提高声望，提高竞争力。

近代徽商中比较有代表性的是江春和鲍漱芳，他们都是歙县人。江春早年乡试失败，于是弃学经商，寓居商业中心扬州。他深谙官商结合的道理，乾隆 6 次下江南，江春徘徊接驾，并个人捐银三十万两。乾隆对他颇有好感，为他手书"怡性堂"匾额，赐封为内务奉宸苑卿，授以布政使之衔。江春"以布衣上交天子"，充分反映了徽州盐商重视人脉的特点。

鲍漱芳从小跟随父亲在扬州经营盐业，也没有科举经历，他多次捐款为朝廷济困。1805 年黄河、淮河大水灾，洪泽湖决堤，他先后捐米 6 万石，捐麦 4 万石，赈济了数十万灾民。改六塘河需开山归海，他集众输银三百万两。鲍漱芳屡次捐输，深得嘉庆皇帝赞赏。乾隆皇帝也曾亲笔为鲍家祠堂写了"慈孝天下无双里，锦绣江南第一乡"的对联。紫阳书院就是得到鲍漱芳捐款才得以重建，并一直保持到今天。

徽商中最有名的当是绩溪人胡雪岩。在钱庄当学徒出身的胡雪岩办事勤快，能言善道。胡雪岩最成功的地方，在于他明白大势。他 20 岁时遇见落魄书生王有龄，缺少进京的盘缠和做官的"本钱"。胡雪岩虽然和他并不相熟，却立即私下借用了钱庄的五百两银子给他。胡雪岩因此失业，但做官后的王有龄感其恩德，视其为生死之交。得势的胡雪岩利用王有龄在官场上的发达，开设了钱庄、当铺、药铺，经营丝、茶，迅速暴富。结交王有龄还使胡雪岩的钱庄代理浙江省的藩库，这样国家的财产就成了他的周转资金。

胡雪岩向王有龄借力，王有龄毕竟是他的至交，是个一门心思想对他报恩的人，"借"一定程度上成了"给"。而胡雪岩找到左宗棠这棵大树做靠山，借用其力成就自己红顶商人的一番"伟业"，更显示了胡雪岩高超的借力手腕。

1862 年，王有龄守杭州时因太平军破城而自杀，胡雪岩顿时成为一只失恃的孤雁。此时的胡雪岩已踏上"官商"之路，王氏既去，但他不能一日无官场靠山，他不得不寻找更有价值的人物。这时，他将目光投向了闽浙总督左宗棠。

　　此时左宗棠正忧心忡忡，杭州连年战争，饿死百姓无数，无人耕作，许多地方真是"白骨露于野，千里无鸡鸣"。自己带数万人马同太平军征战，自己的几万人马吃饭成了个大问题。正在考虑之时，胡雪岩求见，他拿出了两万两藩库银票作为购粮款，请求左帅为王有龄报仇雪恨。这符合常情的恳求，左宗棠欣然答应，并叫管财政的军官收下了这笔巨款。两万银票对于每月军费开支十余万两白银的左军来说虽然杯水车薪，但毕竟可解燃眉之急。胡雪岩清楚地知道左宗棠想要的是什么，所以不失时机地掏出银子，为自己挣得了左宗棠的好感。

　　会见过后，左宗棠认为胡雪岩不仅会做生意，而且还对官场非常熟悉。是一个大有作为的能人，难怪杭州留守王有龄对他如此器重。然而，粮食问题仍像幽灵一样萦绕脑际，缠得左宗棠心急如焚，愁眉不展，一连几天都没有想出个好办法。其实胡雪岩在这次拜会之后，就筹划着如何帮助左宗棠解决粮食的燃眉之急。他迅速到上海筹集了上万石大米运回杭州，一部分救济城里的灾民，另一部分现粮送到了军营。

　　这万石大米真是雪中送炭，不仅救了杭州，而且对左宗棠肃清境内的太平军也助了一臂之力。左宗棠捋着花白的胡须，连日紧皱的双眉舒展了，他高兴不已，内心总觉得过意不去。他说："胡先生此举，功德无量，有什么要求，无妨直说。我一定在皇上面前保奏。"胡雪岩大不以为然，他说："我此举绝不是为了朝廷褒奖。我本是一生意人，只会做事，不会做官。"

　　"只会做事，不会做官"这一句话可当真说到了左宗棠的心坎上了。左宗棠出自世家，以战功谋略为名，在与太平军的浴血奋战中，更是功绩彪炳。所以平素不喜与那些凭巧言簧舌、见风使舵之人为伍，对这些人向来鄙夷不屑。此时一句"只会做事，不会做官"是使左宗棠感觉遇到了知己，对胡雪岩顿时更觉亲近，赞赏之意溢于言表。

　　通过几件事，左宗棠既了解了胡氏的为人，也了解到胡氏办事的手段，知道这确实是一个难得的人才，于是倾心接纳，倚之为股肱，两人很快成为知己。由于有了左宗棠这个大靠山，胡雪岩衰败的生意很快有了生机，而且比以前发展更快。

利用左宗棠的权势，胡雪岩在商场上大展手脚，通过为左宗棠办漕粮，解决了政府督办漕粮的困难，更使胡雪岩控制了漕粮的营运，后来又为左宗棠采办军务，其在商业上的影响和势力一时无二。十数年间，左宗棠的购置弹药，筹借洋款，拨饷运粮，无一不经其手。以这种大势，求十一之利，胡雪岩的事业如日中天，财富也从数十万银转而至数百万进而至数千万。后来胡雪岩还以商人身份被赐二品顶戴，成了名极一时的红顶商人。

胡雪岩是徽商中典型的利用人脉实现商业抱负的商人，他之所以有如此辉煌的成就，关键就在于他从一开始就致力于寻求靠山的力量，这应该就是他成功的秘诀。

人脉是成就人生地位的机遇

万事开头难，在你的事业刚刚起步时，你可能没有钱、没有设备、没有技术。这都不是最重要的，只要你拥有掌握这些资源的人脉，就有机会改变自己的命运。

人脉对现代人而言，似乎成了成功与否的最大关键，因为谁也无法预知自己的下一步如何。工作上的协助，生活中的资助，团队间的互助，就连最简单的买菜，也若有似无地瞧出一个人的"关系"好坏！

有人三块钱只能买一把菜，偏偏就有人能三块钱买一把菜还外带一堆葱姜蒜，或许有人会说那只是贪小便宜，也对。但是，请仔细思考，便宜人人想贪，能得到便宜却不是人人能做得到的！

相信以下的对话各位一定不陌生。A 说："最近想买一台计算机，可是我也不太懂要买什么等级的，市面上种类又多，真不知要从何下手。"于是B 说："我有一个朋友家里在卖计算机，他自己对计算机也很熟悉，要不要我帮你介绍认识？也许可以给你一些建议。"A 回答："那真是太好了！这样我就不用担心买到不合适的计算机了。"各位一定都有以上类似的经验，会发现周围的朋友有些是同学或者同事，有些则是直接通过朋友的介绍而变成朋友。如此一来，认识的人越来越多，人际网就越来越绵密了，因情感作用而相互帮忙、关心及支持就越多，有助于解决生活中发生的难题。

以上几件事就从一个侧面反映出了人脉的重要性。

虽说是金子就会闪光，但那也需要有人能看见光。现实中不乏这样的人，相貌堂堂，胸怀大志，才华满腹，既有学历，又有超人的工作能力。然而，他们却始终郁郁不得志，甚至是别人眼中的失败者和负面教材。于是烫金的文凭，丰富的经历可能成了累赘——没有这一切也不过如此嘛！真的是"命苦"吗？当然不是，千里马还需要伯乐呢。

美国老牌影星寇克·道格拉斯年轻时十分落魄潦倒，没有人，包括许多知名大导演认为他会成为明星。但是，有一回寇克搭火车时，与旁边的一位女士攀谈起来，没想到这一聊，聊出了他人生的转折点。没过几天，寇克被邀请到制片厂报到。原来，这位女士是位知名制片人。这个故事不正说明了，即使寇克·道格拉斯的本质是一匹千里马，也需要人脉创造机遇，一切才能美梦成真。

查尔斯·华特尔，属于纽约市一家大银行，奉命写一篇有关某公司的机密报告。他知道某一个人拥有他非常需要的资料。于是，华特尔先生去见那个人，他是一家大工业公司的董事长。当华特尔先生被迎进董事长的办公室时，一个年轻的妇人从门边探出头来，告诉董事长，她今天没有什么邮票可给他。"我在为我那 12 岁的儿子搜集邮票。"董事长对华特尔解释。

华特尔先生说明他的来意，开始提出问题。董事长的说法含糊、概括、模棱两可，他不想把心里的话说出来，无论怎样好言相劝都没有效果。这次见面的时间很短，没有实际效果。"坦白说，我当时不知道怎么办，"华特尔先生说，"接着，我想起他的秘书对他说的话——邮票，12 岁的儿子……我也想起我们银行的国外部门搜集邮票的事——从来自世界各地的信件上取下来的邮票。"

"第二天早上，我再去找他，传话进去，我有一些邮票要送给他的孩子。结果，他满脸带着笑意，客气得很。'我的乔治将会喜欢这些。'他说，一面抚弄着那些邮票，一面'瞧这张！这是一张无价之宝。'"

"我们花了一个小时谈论邮票，瞧他儿子的照片，然后他又花了一个多小时，把我所想要知道的资料全都告诉我——我甚至都没提议他那么做。他把他所知道的，全都告诉了我，然后叫他的下属进来，问他们一些问题。他还打电话给他的一些同行，把一些事实、数字、报告和信件全部告诉我。"用很短的时间，查尔斯·华特尔就巧妙而成功地打造了一条关系网，同时也完美地解决了他的问题，可见人脉对一个人的成功是何等重要。

圈子决定位子

最近社会上非常流行这样一句话：圈子决定位子。圈子就是你的人脉网，你的人脉网越发达，你的地位就越"显赫"。

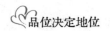

许多人之所以不惜重金到国外进修 MBA，其中一个很重要的原因就在于，在国外读 MBA 不仅可以拥有国际学习的经历，开阔视野，更重要的是可以拥有一批非同一般的人际关系。很多人认为，读 MBA，75％的作用在于可以建立起强大的人际关系网，因为就学期间的同学大都是颇有实力和决定性作用的人物，他们都是业内的佼佼者，这些关系都是不可多得的财富，他们今后可能获得更大的发展，这就会为他们的事业带来帮助。

在家门口读 MBA 可以建立起实用的人际关系网。在国外读 MBA，同学会遍布全世界，为将来进入全球化性质很强的领域，比如银行、投资等领域，提供强大的资源。MBA 学习最重要的功能之一就是结识一批"人尖"——本行业的精英们可能都坐在你的课堂上，从而建立宽广深厚的人脉，同班同学、校友就是自己经营未来事业的支撑。如果没有这一点人脉支持，MBA 就会贬值很多，这就是名校 MBA 最大的魅力。一个世界级的人脉网是千金难买的财富。尽管这会花费很多金钱，牺牲很多与家人团聚相处的时间。

一流大学的魅力相当程度上来自于她的人脉圈子，如果就读于最好的大学，你必然会结识一批你这个时代最杰出的年轻人。这就是，为什么我们翻开历史会有那么多名人都是校友，都是同学。这也就是我们所说的名门望族。

诺基亚、爱立信……越来越多的世界级知名企业都相继开办了 MBA 学习班，目标锁定公司高级管理阶层和政府要员。企业投入这么大的精力和金钱，难道真的仅仅是为了让员工们获得一些先进的管理知识吗？如果单纯是这样，完全可以把他的员工送进学校，而不是自己办班。究其原因，其实这是种新型的公关策略——建立一个强大的权力人际关系网。

这些企业的经理和负责人在接受记者采访时纷纷表示："当今各个行业的竞争非常激烈，而且不仅仅是资源上的竞争，人际关系已经越来越重要。"一个成功的 MBA 学习班，往往聚集了某个行业的领军人物，生意场上打交道的人就是这些人，学习班为大家提供了一个非常自然、而且没有任何地位和能力歧视的交流机会。这些人就成为日后彼此发展的人脉。

校友资源是潜在的资产。一位在复旦大学爱立信中国学院的 MBA 班就读的王先生曾经表示，读 MBA 有两大目的：一是学习爱立信一流的管理经验；二是多交朋友。王先生认为，自己是从事市场推广工作的，人际关系特别重要，真关系比什么都管用得多。念这个 MBA 国际班的都不是等闲之辈，今日搞好同学关系，就意味着明日的财富，开放式的 MBA 教育更为促进同学交往提供了方便。

很多人看了参加企业商学院培训的名单后都会惊叹，绝大多数人都是他们生意上或者潜在生意上的合作伙伴，能在一起学习对每个人的好处是不可估量的。另一方面，各个大公司也非常希望与客户们保持良好的互动互利关系，校友资源是潜在的财富。越来越多的企业逐步重视起 MBA 教育的人际关系效应，越来越多的企业不惜花费大量金钱构筑自己的"人际关系网"。有些企业的商学院是花钱请人来上课的，班上很多学员都是免费的。他们服务的对象是中高级的管理阶层，因为企业最愿意那些最能影响企业发展的人参与这种教育。校友是一种人际资源，只要是资源就不可能是免费的。但是，一旦有了这个可靠的、能发挥作用的关系网，对公司将会意味着什么呢？北京大学光华管理学院目前有六个 EMBA 班，其中三个是由诺基亚公司出资办的。光华管理学院与诺基亚公司合办的 EMBA 班中，学员主要是电信运营商和政府高级官员，这些人都是可以影响公司生意的关键性人物。所以有人说，诺基亚是"项庄舞剑，意在沛公"。EMBA 班上会集的是国内外管理界的精英，通过一起学习，自然会建立非常牢固的同学关系，这对公司来说，就是发展的利器之一。

而对于个人来讲，如果你没有足够的实力和资本跻身于 MBA 或 EMBA 这些圈子，也不必灰心，你完全可以通过其他手段达到同样的目的。比如多结交一些带圈的朋友，同样不失为一条捷径。

多认识一些带圈的朋友，意思是多认识一些朋友多的人。每个人的人脉网是不一样的，朋友身边的朋友也有可能成为你的朋友，运气好的话，你同样可以在这中间结识 MBA。这就如同数学的乘方，以这样的方式来建立人脉，速度是惊人的。

假如你认识一个人，他从来不跟你介绍他的朋友。但另外一个人说："下星期我们有个聚会，你来参加我们的聚会吧。"你到了那个聚会，发现这些人都是五湖四海的人。带圈子来的人和不带圈子来的人的附加价值是不一样的。我们知道在人脉网中，朋友的介绍相当于信用担保，朋友要把你介绍给其他人，就意味着朋友是为他作担保。基于这一点，你可以请你的朋友多介绍他的朋友给你认识。就像我们做客户服务一样，如果你的新客户是一个很强有力的老客户介绍的，这位新客户一下子就会接受你或你的服务。

我们所谓"圈子"这个概念，就是当我们的人脉关系链接成社会网络的时候，你会发现每个建立人脉的成本是最低的，你不需要花更多的时间去作介绍，你不需要花更多的时间去请客吃饭，这些都省下来了。

我们思考问题通常只站在自己的角度，再好的个人，其实都有自私、丑恶的一面，这是因为单个人总是有系统偏差和缺陷。所以，认识一些带圈的朋友，很重要的一点就是可以弥补我们个人在社会关系中的不足。

要认识一些带圈的朋友，首先必须假定一个前提，我们所拥有的人脉关系如同做生意，也是一种社会交换。我们跟朋友之间之所以可以维持互动关系，是因为我们各自有可交换的东西，而且这种交换是不同价值的交换，是不同价值通过交换弥补各自的需要的，而且对双方都有意义的。

还记得人脉关系的黄金法则吧？那就是"你希望别人怎样对你，你就以怎样的方式对别人"。要获得朋友圈里的资源，就要舍得奉献你自己圈内的资源。这不仅是一个交换的过程，更是升级换代的过程。因为圈子决定位子，当你的圈子达一定水准的时候，你的位子自会水涨船高。

第三章

男人：做人的品位决定
生存的地位

作为一个男人，没有谁不想做一个有地位的成功者。所以，有些人埋头苦干、努力奋斗，但混到最后才发现梦想仍然遥不可及。为什么会是这样？答案其实很简单，成功是一种素质，品位决定地位。埋头苦干、努力奋斗固然重要，但若不注意自己的素质和品位，就算挣了几个钱，你仍然是一个不受欢迎的土财主，永远都无法跨越社会精英的门槛。

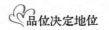

失败打不垮，困境不低头

人生的历程犹如海上行舟，有风平浪静，也有狂风暴雨，没有谁可以从始至终都一帆风顺。而作为一个男人，在面对失败和身陷困境的时候，很容易看出他的品位来：一蹶不振的人肯定不会有什么品位；一笑而过，屹立不倒的才是真"爷们儿"。

失败和困境，只是你平静生活之河泛起的一层涟漪，只是你通向成功之路的一个小小的驿站。人生总有迂回曲折，伴随着你的成长过程，还会遭遇更多的挫折，这就是人生最现实的一面。应该如何去看待和应付这些人生的转折关头，就全看你自己了。你可以把它当作是一种"挑战"，或者，你也可以像大多数人一样，把它当成是时运不济、危机、灾难，而不想循着更可靠的道路再尝试一次，并作为自己承认失败的借口。有位名叫法兰克·伍德·奥玛略的人说："人生就是不幸的连续。"这是失败者讲的话。

在失败面前，每个人都会郁郁寡欢，心情沉重，这是可以理解的。但是，你不能因此而沮丧、抱怨、裹步不前，因为前面的路还很长，因此，你要学会如何应对不如意的事。

不要失去对自己人生的主导权。人的一生中应该有各种情况，也会常常被打倒，但正因为这样，人生才可以向更新、更有希望的方向转变。

实际上有许多年轻人，他们对现实感到心灰意冷。于是，他们退缩下来，说时运不济，自己只能听天由命，这实在是很遗憾的事。真正重要的，并不是我们人生中的偶发事件，而是我们怎样处理这些偶发事件。在没有一个良好的成功环境时，我们就要给自己创造一个。承认失败是件很容易的事，但我们必须打消这个念头。畏缩不前是懦夫的表现，我们要做生命的强者。

一个在失败面前永不气馁的人，在一个地方吃了闭门羹，会敲另外一扇门，一次又一次不断敲门，一直到被接受为止。凡是能这样百折不挠的人，即使是终不能取得辉煌的成功，也能获得许多小的成就。"一分耕耘，一分收获"，就是这个道理。

只要乐观冷静地应对人生的"迂回曲折"，成功几乎都在伸手可及的范围内。当你清晨醒来时，反复地对自己说："我能赢！我能赢！"不知不觉中，你就会对自己充满信心了，并且觉得是胜券在握了。

那些成功的人，是如何战胜挫折的呢？他们靠毅力、忍耐力去承受失败的创伤，又用勇气和信心为自己打开了另一扇门。这一点，对所有的挫折都适用。只要把"失败"的阴影驱散，你的心就会豁然开朗。

那么，怎样调整好自己的心态就显得相当重要。困境来临时，会不可避免地使人遭受到打击和压力，这时，幽默就是一剂良药。它可以让人摆脱郁闷的心情，让人在欢声笑语中忘却烦恼，化忧愁为欢畅，让痛苦变为愉快，将尴尬转化为从容自如，让沉痛的心情变得开朗、豁达、轻松。它具有维持心理平衡的功能。幽默甚至被心理学家和社会学家作为治疗疾病的良药。我们很多人也都有这样的体验，当听到好笑的事情捧腹大笑的时候，会使人的心情开朗很多。实际上，不少名人也使用这种办法来消除心理压力和解决尴尬。

美国前总统里根，在一次白宫的钢琴演奏会上，夫人南希不小心连人带椅子一起跌落到台下，观众哗然。正在讲话的里根风趣地对夫人说："亲爱的，我告诉过你，只有在我的讲话没有获得掌声的时候，你才该有这样的表演。"全场掌声雷动。里根正是用幽默的方式为夫人摆脱了尴尬的局面。

古时候有一位高官，精神抑郁，胸中烦闷，请了很多医生都无法治愈。这天，他又请来一位名医为他看病。名医仔细地诊过脉后，郑重其事地告诉他，他得的是月经不调症。高官听后捧腹大笑，正要痛斥这位医生不识男女，忽然觉得胸中的郁闷之气荡然无存，周身上下轻巧了许多。这才悟出原来这位医生只用了几个字就治好了自己的病，大喜致谢。

由此可见，幽默不但能消除精神紧张，还可以防治身心疾病。生活中具有幽默感的人比较容易克服困难，走出困境，遭到打击也不容易崩溃，从而更易获得成功。我们也应该培养自己的幽默心理。

培养自己敏锐的洞察力，幽默是智慧的闪光点，它与庸俗、轻浮的笑话或油嘴滑舌是不能相提并论的，幽默的语言要言简意赅，诙谐含蓄，同时又入木三分，能够给人启迪和韵味。

培养自己乐观自信的良好心态。只有对自己充满信心，才能在内心进行自由的创造。一个内心枯燥，对自己和生活冷冰的人是没有幽默可言的，幽默是建立在自信心和自尊心的基础上的。

幽默者具有敏锐多变的能力，可以有意识地培养自己机敏的素质。它可以使人巧解人意，并能以惊人的自制力防止在对方的刺激下诱发不良的情绪，使双方的对抗情绪得以缓解，消除困境。

性格豁达的人不容易大动肝火，他们不为一些鸡毛蒜皮的小事斤斤计较，对任何事都抱着乐观随和的态度，他们谈笑自如，幽默风趣。

事实上，幽默乐观的人才最具男人味。透过他们的笑容，我们看到的是一个真正的"爷们儿"。那些弱不禁风的懦夫，是永远没有这种品位和气质的。

不因出身卑微而妄自菲薄

生活中有太多这样的男人，他们因自己出身贫寒，时常怨天尤人，叹上天不公，怨命运不济，整日浑浑噩噩、妄自菲薄。若说没出息的男人，这种人算是典型。

出身卑微确实会给人带来一定的心理压力。当一个人由于贫穷而使自己遇到的困难和障碍无法解决的时候，就会自然地产生不愉快的情感。伴随这种不愉快情绪的甚至是失望、痛苦、紧张、焦虑、悲伤、抑郁以及愤怒。

然而，逆境就像是一块试金石，真正的男人能够战胜和超越逆境站立起来，只有弱者才会被征服。弱者只看到了贫穷带来的困难和威胁，怨天尤人，觉得自己无力征服逆境，因此整天处于悲观失望、精神沮丧等不良情绪中。

真正的男人总能从逆境中寻找机遇。他们透过困难，把目光投向它背后的机遇和优势。他们总能够抓住机遇，获得成功。生活困苦的人，过早地经受了逆境的考验，他们更懂得如何去面对困难和挑战。而且，越是出身贫寒的人，就越能放开手脚去做事，因为他无牵无挂，不做事时如此，失败了也不过就是这个程度，所以，他无所顾忌，而往往越是这样，就越能做出成绩来。

下面的例子或许能说明一些问题：在安徽省一个小得只有 15 户人家的村子里，短短 15 年间竟然出了 21 位百万富翁，这可谓是那些等着财富找自己来的人的榜样。让我们看看处于浙江创富英豪"金字塔"塔尖的老总们的简历，鲁冠球——打铁匠；徐文荣——农民；南存辉——修鞋匠；胡成中——裁缝；李如成——农民；郑坚江——汽车修理工；汪力成——丝厂临时工……当年的这些处于财富底层的人，如今却创造了上亿元的财富。

事实告诉我们，贫穷不是创造财富的死穴，关键要看自己。

很多人在工作几年后会发现自己的知识水平不够，想要学习，却总是认为自己没有足够的金钱来资助自己。其实，这都是借口。在报纸上曾看过这样一个故事：一位来自南方的农民，在北京靠着当脚夫生活。他的经济条件就可想而知了，可就是这样的一个人，硬是靠着自学考上了北京的研究生，从此改变了自己人生的轨迹。难道说，我们每一个人还有比他的条件还不如的吗？

面对贫穷，首先要调整好自己的心态。毕竟，金钱只是一个附加的客观条件，别人可以通过努力来获取，你当然也不例外。要知道，成功给予人的机会是均等的，它不会因为富有或贫穷而有所偏颇。

小时候学过一篇课文，一个富有的和尚和一个贫穷的和尚都想到南海去，可是富和尚总说自己的时机不够成熟。3年后，那个贫穷的和尚从南海回来了，富和尚面对归来者只有一脸的惭愧。富有不是一个人成功与否的决定条件。

贫穷更能够激励一个人奋起。很多时候，富有者会因为害怕失去或者是满足现有的财富而停滞不前，但贫穷的人不一样，他们有着不断前进的雄心，他们做事一往无前，没有退路可循。因此，才成就了很多伟大的事业。项羽如果没有破釜沉舟的决心，又怎能鼓舞士兵的斗志取得胜利呢？

从心理上藐视它，从精神上战胜它，从行动上击垮它。贫穷遭到了你的重创，一定会远远地躲开你。贫穷，就像一个无赖，它只敢欺负那些弱者，对于一个堂堂的爷们儿，它是满怀畏惧的。

人格高于一切

人最珍贵的是生命，而比生命更宝贵的是人格。

人格，是人生的桂冠和荣耀。它是一个人最高贵的财产，它构成了人的地位和身份，它是一个人在信誉方面的全部财产。它比财富更具威力，它使所有的荣誉都毫无偏见地得到保障。

1976年1月8日，周恩来逝世。9日凌晨5点，联合国总部大厅的联合国大旗降了半旗。所有联合国会员国的国旗，都不升起。这在联合国从无先例。因此，有的国家大使提出质问：我们国家的元首去世，联合国大旗依然升得那么高，中国的第二首脑去世，联合国降半旗还不算，还把其他国家的国旗收起来，这是为什么？当时的联合国秘书长瓦尔德海姆说："为了悼念周恩来，联合国下半旗，这是我的决定。原因有二：一是中国是个文明古国，她的金银财宝多得不计其数。可是她的总理周恩来在国际银行没有一分钱的存款！二是中国有10亿人口，可是她的总理周恩来没有一个孩子！你们任何一个国家元首，如能做到其中一条，在他去世时，总部也可以为他降半旗。"全场人默然。

这就是一个伟人的人格魅力。

人格是个人的道德品质，也是个人的性格、气质、能力等特征的总和。不可否认，具有高尚人格的人也可能遭遇厄运和不幸。但是，具有高尚人格的人宁可遭遇厄运和不幸，也绝不会放弃高尚的人格，因为他们并不是为了得到回报才保持高尚的人格。正因为如此，一个人的人格魅力才会在困境的砥砺中焕发出迷人的魅力，并激发出感染别人的力量。

品格是世界上最强大的动力之一。高尚的品格，是人性的最高形式的体现，能最大限度地呈现出人的价值。

每一种真正的美德，如勤劳、正直、自律、诚实，都自然而然地得到了人类的崇敬。具备这些美德的人值得信赖、信任和效仿，这也是自然的事情。在这个世界上，他们弘扬了正气，他们的出现使世界变得更美好、更可爱。

人格就是力量，在一种更高的意义上说，这句话比知识就是力量更为正确。诚实、正直和仁慈，这些品质与每个人的生命息息相关，已成为一个人品格的最重要方面。正如一位古人所说的："即使缺衣少食，品格也先天地忠实于自己的德行。"具有这种品质的人，一旦和坚定的目标融为一体，那么他的力量就可惊天动地，势不可挡。

由此，每个人都应该把拥有好的人格作为人生的最高目标之一，并竭尽全力去赢得这种非凡的力量，让人生因得到高尚人格的照耀而焕发独特的光辉。

气吞山河的雅量

气量是一种情操，更是一种品位。只有拥有"雅量"的人才能获得令人敬仰的领袖气质，人生才会活出大境界。

《三国演义》中，有位英才盖世、文武卧全的大英雄叫周瑜。这位当时很了不起的风度翩翩的美男子，年纪轻轻就执掌江东（吴国）的统兵大都督要职。尤其在赤壁大战中，他更显出叱咤风云，谋略高人，指挥得当的政治军事奇才。他居然以少量东吴和刘备之师，赢得大破曹操83万大军的辉煌胜利。在历史上，留下赫赫声名。据说，此人不仅披挂上马，能征善战，还能运筹帷幄，决胜千里。他文韬武略堪称上乘，是位难得的英俊奇才。而且，周瑜还熟谙音律。据说他听音乐演奏时，若谁奏错一个音符，他即刻能耳辨明详。为此，有"曲有误，周郎顾"之说。当后人对周瑜其人的褒奖威赞之际，也同时看到了这位早逝英才的两大致命弱点，那就是他的量窄和嫉才。

周瑜一生度量太窄，人人皆知。比如，在取得火烧赤壁大战功后，竟容不下与他共同扼曹的诸葛亮的存在，并密令部将了奉、徐威击杀诸葛亮。不料孔明早有准备，密杀不成。为此，周瑜万分气愤。如此不能容人的周瑜，密除同盟，过河拆桥，实在让人心寒并为之可悲。

周瑜为什么容不下诸葛亮？原来，足智多谋的诸葛亮处处高周瑜一筹，尤其在关键时刻，事事想于周瑜之前，且能将周瑜内心活动看得入骨三分。唯其如此，才使得量窄、嫉才的周瑜寝食难安，并随时想除掉才智高于自己的诸葛亮。而孔明先于周瑜谋害前就有了防备，这更使周瑜一次比一次恼怒于心。嫉才，欲加害孔明的结果，反把周瑜自己给活活"气死"。

有道是："人之将死，其言也善。"可周瑜在临死之前，非但未能悔悟自己的致命弱点，反而含恨仰天长叹曰："既生瑜，何生亮？"连叫数声而亡。可见量窄、嫉才之心，到死也不肯更改。怨天尤人之气，到盖棺也不肯丢。

所以，后人都评说周瑜是因心胸狭小害了他自己。拿今人的话说，他是心理不健康，甚至是心理患疾所致。周瑜度量窄，嫉才妒能，害人而最终害己的惨痛教训，给后人留下深刻的教训：作为一个心智健全的人，特别是一个有品位的男人，总是要有点雅量的。雅量，是衡量一个人成熟与否、修养程度高低的重要标尺之一。

《尚书》说："必定要有容纳的雅量，道德才会广大；一定要能忍辱，事情才能办得好！"如果有一点不如人，便勃然犬怒；遇到一件不称心的事情，立即气愤感慨，责骂他人或社会，这表示涵养欠缺，同时，也是福气浅薄的人，不可能做出大事业。

应该承认，有些高贵品格是普通人毕生企望但仍不可能达到的；可人的雅量却是完全能够通过修炼而得到的。

我们说，气量是一种高尚的人格修养，一种胸襟，一种领袖气质，一种海纳百川的气势。

唐代娄师德，气量超人，当遇到无知的人指名辱骂时，就装着没有听到。

有人转告他，他却说："恐怕是骂别人吧！"那人又说："他明明喊你的名字骂！"他说："天下难道没有同姓同名的人。"有人还是不平，仍替他说话，他说："他们骂我而你叙述，等于重复骂我，我真不想烦劳你来告诉我。"有一天入朝时，因身体肥胖行动缓慢，同行的人说他："好似老农田舍翁！"娄师德笑着说："我不当田舍翁，谁当呢？"

清代中期，当朝宰相张廷玉与一位姓叶的侍郎都是安徽桐城人。两家毗邻而居，都要起房造屋，为争地皮，发生了争执。张老夫人便修书北京，要张廷玉出面干预。这位宰相到底见识不凡，看罢来信，立即作诗劝导老夫人："千里家书只为墙，再让三尺又何妨？万里长城今犹在，不见当年秦始皇。"张母见书明理，立即把墙主动退后三尺；叶家见此情景，深感惭愧，也把墙退后三尺。这样，张叶两家的院墙之间，就形成了六尺宽的巷道，成了有名的"六尺巷"。

宋朝宰相富弼，处理事务时，无论大事小事，都要反复思考，因为太过小心谨慎，因此就有人批评他、攻击他。有一天，就在他马上要上朝的时候，有人让一个丫鬟捧着一碗热腾腾的莲子羹送给他，并故意装作不慎打翻在他的朝服上。富弼对丫鬟说："有没有烫着你的手？"然后从容换了朝服。

这样的气量，能不当好宰相吗？

德国的大文学家歌德有一次在魏玛公园的小路上散步。那条小路很窄，偏偏遇上了一个对他心存敌意的评论家。他们都停下来看着对方。评论家开口了："我从来不会给一个傻瓜让路。"

"但我会。"说完，歌德退到一旁。

人有一分气量，便有一分气质；人有一分气质，便多一分人缘；人有一分人缘，必多一份事业。气量不是天生的，完全可以在后天学习、培养。

那么如何让自己的气量再"雅"一些呢？

①平时凡是小事，不要太过与人计较，要经常原谅别人的过失，但是，

大事不要糊涂，要有是非观念。

②不为不如意事所累。不如意事来临时，能泰然处之，不为所累，气量自可增加。

③受人讥讽恶骂，要自我检讨，不要反击对方，气量自然日夜增长。

④学习吃亏，便宜先给别人，久而久之，从吃亏中就会增加自己的气量。

⑤见人一善，要忘其百非。只看见别人缺点而不见别人优点，无法养成气量。

气量是衡量一个男人地位的基本指标，假如你的气量不顾别人，只顾自己，那只能养自己；假如你的气量能涵容全家，你就能做一家之长；你的气量能包容一县，就能做县长；能包容一省，就能做省长；能包容一国，就能做国主。不为别的，就冲你这份尽收山河于胸中的气量。

果断和魄力是成就男人地位的关键

快速的决策和超常的胆量是许多成功人士必备的素质，因为这些人深刻地意识到优柔寡断的个性只能带来灾难性的后果。那些总是摇摆不定、犹豫不决的人肯定是个性软弱、没有活力的人，他们最终将一事无成。

对于一个男人来说，这一点尤其重要。

曾经有一位担任著名公司要职的先生，一直以来工作很投入，很卖力，成绩突出，因此深受上级的赏识，不断地被提拔并被委以新的重任。上任伊始，他就面临着许多重要的工作，有些是自己没有经历过的，但他不畏惧，非常努力地工作着。什么事都亲力亲为，唯恐事情办不好。

即使这样，有些需要即刻做出处理的问题在他案头仍然堆积成山，这倒并不是因为他办事效率低，而是有些问题他拿不定主意，便希望放一段时间，等事态更明朗一些再做决定。

所以，许多需要解决的十万火急的问题就渐渐地在他的案头沉淀下来，老板和同事看待他的工作时，眼中都有了异色。大家对他的评价，也逐渐由赞扬、欣赏转为了办事拖沓、优柔寡断。他为此感到困扰和痛苦，夜不能寐，烦躁不安，工作效率也开始下降。无疑，这种情况更加重了他的担心和恐惧，慢慢地当面对未决问题时，他更加感到左右为难，难以做出正确的抉择。

令他觉得心里不平衡的，他办事的出发点是想再等等看，观察事情有何变化再做决定，没想到，大家的评价竟是"人优柔寡断"。

承认他从不担心会把事情搞糟，但是，有时候他也会担心没有把事情做得更好。

一旦发觉自己某方面的工作有可能做得不尽人意，则焦虑不安，犹豫不决，久而久之，前怕狼后怕虎的状态出现了，用完了创业初期那种"初生牛犊不怕虎"的气概，事业走下坡路的苗头出现，焦虑症状产生了，各种躯体的症状也随之表现出来，一连串的生理、心理疾病就不免产生了。

这位先生想让事态变得更明朗时才做决策，以避免做出错误的决策，原本有一定道理，但在瞬息万变的现代社会，机会是稍纵即逝的，所谓"机不可失,时不再来"就是这个道理，而他等待与拖延中极有可能白白错过机会。何况，公司的工作有一定流程与安排，他的这种解决问题的办法的确会产生危机。

优柔寡断是做人做事的大忌。

一个人永远不要在冥思苦想中一会儿提出问题的这一方面，一会儿又提出问题的那一方面，试图面面俱到。万事平衡的人做出的无益而琐碎的分析，是抓不住事物的本质的。决策最好是决定性的、不可更改的，一旦做出之后就要用所有的力量去执行，就算有时候会犯错，也比某些人那种事事求平衡、总是思来想去和拖延不决的习惯要好。当我们致力于形成一种快速决策的习惯时，哪怕在最初的一段时间里这种做法显得有些机械，它也会让我们产生对自己判断力的信心。

习惯于犹豫的人，对于自己完全失去自信，所以，在比较重要的事件面前，他们总没有决断。有些素质、人品及机遇都很好的人，就因为犹豫的性格，一生也就给糟蹋了。威廉·沃特说："如果一个人永远徘徊于两件事之间，对自己先做哪一件犹豫不决，他将会一件事情都做不成。如果一个人原本做了决定，但在听到自己朋友的反对意见时犹豫动摇、举棋不定——在一种意见和另一种意见、这个计划和那个计划之间跳来跳去，像风标一样摇摆不定，每一阵微风都能影响他，那么，这样的人肯定是个性软弱、没有主见的人，他在任何事情上都只能是一无所成，无论是举足轻重的大事还是微不足道的小事，概莫能外。他不是在一切事情上积极进取，而是宁愿在原地踏步，或者说干脆是倒退。古罗马诗人卢坎笔下描写了一种具有恺撒式坚韧不拔精神的人，实际上也只有这种人才能获得最后的成功。这种人会首先聪明地请教别人，并与他人进行商议，然后果断地决策，再以毫不妥协的勇气和坚强的意志力来执行他的决策。"

莎士比亚笔下的哈姆雷特就是患有优柔寡断这种性格疾病的典型例子。他实际的精神能力和他的理想之间存在着很大的差距。有些人只看见事物一面就很容易做出决定，也很容易分辨出该采取什么样的措施，但哈姆雷特看见了事物的所有方面。他的头脑里充斥了各种各样的观念、恐惧和臆测，他的性格变得优柔寡断、拖泥带水。他无法断定自己看到的鬼魂是否真的就是父亲的冤魂，也无法断定自己的决定是好是坏，是吉是凶，因而他一遍遍地问自己"是活着还是死去？"

墙头草般左右不定的人，无论他在其他方面有多强大，在生命的竞赛中，

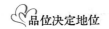

他总是容易被那些坚持自己的意志且永不动摇的人挤到一边，因为后者明白自己想要做什么并立刻着手去做。甚至可以这样说，连最睿智的头脑都要让位于果敢的判断力。毕竟，站在河的此岸犹豫不决的人，是永远不会登陆彼岸的。

数不胜数的成功者就是因为在某个关键点上，冒着巨大的风险，快速地做出决定，从而彻底地转变了自己的人生境遇，彰显了自己的魅力。而成千上万的人之所以在生命的战场中溃败而归，仅仅是因为耽搁和延误。

果断的性格无论是对领导者，还是对普通劳动者，无论是对于工作，还是对于生活和学习，都是至关重要的。

坚决果断，是勇敢、大胆、坚定和顽强等多种意志素质的综合。

果断的性格，是在克服优柔寡断的过程中不断增强的。人有发达的大脑。行动具有目的性、计划性，但过多的事前考虑，往往使人们犹豫不决，陷入优柔寡断的境地。许多人在做出决定时，常常感到这样做也有不妥，那样做也有困难，无休止地纠缠于细节问题，在诸方案中徘徊犹豫，陷入束手无策和茫然不知所措的境地，这就是事前思虑过多的缘故。大事情是需要深思熟虑的，然而，生活中真正称得上大事的并不多。况且，任何事情，总不能等待形势完全明朗时才做决定。事前多想固然重要，但"多谋"还要"善断"，要放弃在事前追求"万全之策"的想法。实际上，事前追求百分之百的把握，结果却常常是一个真正有把握的办法也拿不出来。果断的人在采取决定时，他的决定开始时也不可能会是什么"万全之策"，只不过是诸方案中较好的一种。但是，在执行过程中，他可以随时依据变化了的情况对原方案进行调整和补充，从而使原来的方案逐步完善起来。

林肯总统在安特塔姆战役刚刚结束后就对国会说："宣布解放奴隶法的时刻已经到了，不能再拖延下去了。"他认为，公众的情感将会支持这一法令，并且他还对着上帝发誓，自己一定会采纳这一政策。他庄严地宣誓，如果李将军被赶出宾夕法尼亚州的话，他将以解放奴隶来表彰这一胜利。

果断的性格的确让人受惠无穷。也许一开始，你的决断不免有错误，但是，你从中得到的经验和益处，足以补偿你因错误而蒙受的损失。更为重要的是，你在关键时刻做出决断的自信，会赢得他人的信任。拿破仑在紧急情况下总是立即抓住自己认为最明智的做法，而牺牲其他所有可能的计划和目标，因为他从不允许其他的计划和目标来不断地扰乱自己的思维和行动。这是一种有效的方法，充分体现了勇敢决断的力量。换句话说，也就是要立即选择最明智的做法和计划，而放弃其他所有可能的行动方案。

决断并非一意孤行的"盲断"，也非逞一时之快的"妄断"，更非一手遮天的"专断"。决断除了要有客观的事实根据、出众的预见性眼光外，同时更要有决心与魄力。

莎士比亚说："我记得，当恺撒说'做这个'时，就意味着事情已经做了。"乔治·艾略特则这样判断一个人："等到事情有了确定的结果才肯做事的人，永远都不可能成就大事。"

不管你想不想成就惊天动地的大事，但首先你是个男人，你必须具备这种果断地做事和魄力。换一种说法，你可以不做领袖，但这种领袖的气质，对你是大有裨益的。

谦虚的人最受人敬重

谦虚的人往往能得到别人的敬重。因为谦虚，别人才不会以为你会对他构成威胁，而你正是因为谦虚才可以学到很多东西；因为谦虚，你可能会学到别人本来不愿意透露的东西；因为谦虚，你会赢得别人的尊重，为你建立一个良好的处世环境；因为谦虚，往往还能得到别人友善的帮助。

谦虚谨慎是一种美德，更是每个人走好人生之旅的必备工具。只有谦虚，才会不断要求上进，才会善采人之长而补己之短，才会兢兢业业，从小事做起，严格要求自己，才会达到人生的巅峰。

契诃夫说："对自己不满足，是任何真正有天才的人的根本特征。"

泰戈尔说："当我们大为谦卑的时候，便是我们最为伟大的时候。"

高尚的人都是谦虚的，正因为谦虚则更高尚。成功的人都是谦虚的，正因为谦虚他才能成功。

金庸先生名闻海内外，当别人把他与茅盾、巴金等人并称为文坛巨匠时，他说："我连做他们的学生都不配。"

著名作家梁晓声先生在一次接受采访时说："在中国这么大的国家里，人才济济，才华出众者比比皆是。如果因为自己出了几本书，写了几篇文章，就自认为很了不起，那他简直是个'二百五'。我从来不认为自己是什么名人，我只是在做自己喜欢做的事情罢了。"

鲁迅在《且介亭杂文》一书的序言中这样写道："我只是深夜的街头摆着的一个地摊，所有无非几个小钉、几个瓦碟，但也希望，并且相信有些人会从中找出合于他的有用的东西。"

还有许许多多功成名就的人都具备了这种谦虚的美德。当面对这样的人，我们会受到怎样的感染呢？

据说，当年松下幸之助做生意时，几乎什么都不懂，但他拥有一项优秀的非智力因素：谦逊。他以一颗谦虚的大脑，接纳来自各方的意见，然后将这些意见转化为自己的动力，最终走向了成功。

比如，他开发了一件新产品，但不知怎么定价，于是就跑到零售商那里请教。就是凭着这种谦逊精神，松下取得了成功。在后来的日子里，他依旧保持着这种优良品格，事业也如日中天，蒸蒸日上，呈现出勃勃生机。

老子有一句话："江海所以能成为百谷王者，以其善下，故能为百谷王。"大意是，百川之所以能汇聚江海。是因为它善于处下游地位，所以才成为王。

在当今的社会上，真正成功的人士，往往都是懂得谦虚待人的人。因为他们从自己的经历中，体会了世事的艰难，懂得为人处世的重要。而凡是那些说话"冲"，做事飞扬跋扈的，往往都是不谙世事的公子哥儿。

领导者的成功过程，一般对大多数人来讲，都是不平坦的，所以，更该知道谦逊的可贵。木秀于林，风必摧之。领导者处境的特殊性，决定了对谦虚要格外注重，既把它看作一种美德，又要把它当作提升人生地位的一种方式。

越随和，越有品位

纵观那些有影响、有地位的公众人物，他们都有一个共同的特点：脾气随和、平易近人。而与此相对照，非常有趣的是，越是地位卑微的人越是易怒暴躁，他们动辄就因一些鸡毛蒜皮的事就大发雷霆。这样的人最不招人待见，更没有什么修养、品位可言。

一位曾在酒店行业摸爬滚打多年的老总说："一个人不见得有比使他伤脑筋更大的事情了。在经营饭店的过程中，几乎天天都会发生能把你气得半死的事。当我在经营饭店并为生计而必须得与人打交道的时候，我心中总是牢记着两件事情。第一件是：绝不能让别人的劣势战胜你的优势。第二件是：每当事情出了差错。或者某人真的使你生气了，你不仅不要大发雷霆，而且

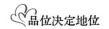

还要十分镇静，这样做对你的身心健康是大有好处的。"

一位商界精英说："在我与别人共同工作的一生中，多少学到了一些东西，其中之一就是，绝不要对一个人喊叫，除非他离得太远，不喊听不见的时候。即使那样，也得确保让他明白你为什么对他喊叫，对人喊叫在任何时候都是没有价值的，这是我一生的经验。喊叫只能制造不必要的烦恼。"

一个经理向全体职工宣布，从明天起谁也不许迟到，自己带头。第二天，经理睡过头，一起床就晚了。他十分沮丧，开车拼命奔向公司，连闯两次红灯，执照被扣。他气喘吁吁地坐在自己的办公室。营销经理来了，他问："昨天那批货物是否发出去了？"营销经理说："还没来得及，今天马上发。"他一拍桌子，严厉训斥了营销经理。营销经理满肚子不愉快回到了自己的办公室。此时秘书进来了，他问昨天那份文件是否打印完了，秘书说没来得及，今天马上打。营销经理找到了出气的借口，严厉责骂了秘书。秘书忍气吞声一直到下班，回到家里，发现孩子躺在沙发中看电视，大骂孩子为什么不看书写作业。孩子带着极大的不高兴来到自己的房间，发现猫竟然趴在自己的地毯上，他把猫狠狠地踢了一脚。

这就是愤怒的链条，我们自己恐怕都有过类似的经历，叫做"迁怒于人"。在单位被领导训斥了，工作遇到了不顺利，回家对着家人出气。在家同家人发生了不愉快，把家里的东西砸了，又把这种不愉快带到了工作单位，影响工作的正常进行。甚至可能路上碰到了陌生人，自行车剐蹭了一下，就同别人发生口角。更严重的是，发生不愉快之后开车发泄，其后果就更不堪设想了。

在我们的生活中，的确存在着这样一些人，他们爱发脾气，容易愤怒，稍不如意，便火冒三丈，发怒时极易丧失理智，轻则出言不逊，影响人际关系，重则伤人毁物，有时还会造成难以挽回的损失，事后让人追悔莫及。

愤怒是一种常见的消极情绪，它是当人对客观现实的某些方面不满，或者个人的意愿一再受到阻碍时产生的一种身心紧张状态。在人的需要得不到满足，遭到失败，遇到不平，个人自由受限制，言论遭人反对，无端受人侮辱，隐私被人揭穿，上当受骗等多种情形下人都会产生愤怒情绪，愤怒的程度会因诱发原因和个人气质不同而有不满、生气、愤忿、恼怒、大怒、暴怒等不同层次。发怒是一种短暂的情绪紧张状态，往往像暴风骤雨一样来得猛，去得快，但在短时间里会有较强的紧张情绪和行为反应。

易怒主要与人的个性特点有关，易怒者大都属于气质类型中的胆汁质。胆汁质的人直率热情，容易冲动，情绪变化快，脾气急躁，容易发怒。易怒还与年龄有关，青年人年轻气盛，情绪冲动而不稳定，自我控制力差，比成年人更易发怒。

轻易地发怒，这在大多情况下不但没有解决问题，反而激化了冲突，得不偿失。

你要明白，愤怒容易坏事，还容易伤身。人在强烈愤怒时，恶劣情绪会致使内分泌发生强烈变化，这些大量的荷尔蒙或其他化学物会对人体造成极大的危害。

培根说："愤怒，就像地雷，碰到任何东西都一同毁灭。"如果你不注意培养自己忍耐、心平气和的性情，一旦碰到"导火线"就暴跳如雷，情绪失控，就会把好事情全都炸掉。

自然界是个有条不紊、有规律运行的有机体。只要正常运转，一切都会秩序井然，按部就班。就像一台计算机、一架飞机、一台机器，如果操作正常，控制良好，就能发挥他们的正常作用。人的情绪也如一架机器一样，一旦失控，就不能正常运转，甚至给外界带来危险。

我们也许看到过交通拥挤的十字路口红绿灯失控时的"惨状"，整个路面成了车的海洋，不耐烦的司机在里面鸣笛叫喊，喇叭声充斥于耳，整个交通处于瘫痪混乱状态。如果没有交警的管理疏导，不知道会拖延到什么时候，造成什么后果。同样，如果人人都情绪失控，这世界又会怎样呢？

所以，当别人对你的缺点提出批评甚至指责时，当你和朋友为某件小事"斗嘴"时，当你一时感到生活压抑时，你一定要学会克制自己的愤怒，让你的大脑"冷却"下来，让你胸中的"惊涛骇浪"平静下来，把你的粗嗓门压下来，把你要伸出的拳头收回来……

常言道：忍一忍，风平浪静；退一步，海阔天空。不必为一些小事而斤斤计较。我们不提倡无原则的让步，但有些事不必要那样"火上浇油"，那只会使事情更糟，只会破坏你在别人眼中的形象。

假如你发起脾气来，对人家发作一阵，你固然非常痛快地发泄了你的情绪。但那个人怎样？他能分担你的发泄吗？你的争斗的声调、仇视的态度，能使他容易同意于你吗？

人人都有不易控制自己情绪的弱点，但人并非注定要成为情绪的奴隶或喜怒无常的心情的牺牲品。学会怎样清除破坏我们舒适、幸福的生活和阻碍我们成功的情绪敌人，是一门最精深的艺术。

情绪是内心深处的一种思想情感，但它却往往会被外界的事物所控制，并随之摇摆不定。如果你能够驾驭自己的情绪，随和待人，你未来的人生地位一定会更上一层楼。

第四章

女人：气质品位决定生活地位

　　人们都说出色的容貌是女人最有价值的资本，但不是所有漂亮的女人都能拥有令人羡慕的地位，而那些生活地位高的女人们也并不是个个都具备沉鱼落雁的容貌。所以，女人外在的先天的硬件因素只是一方面，由各方面品位塑造的综合魅力才是她们"最有杀伤力的武器"。

女人的美源自气质

对于女人而言，某些先天的优势所构成的"美"，终究是不会长久的，那些先天不足的女人也不用因此就担心自己一定是个丑女人。只要你拥有了高贵、优雅的气质，你一样"美不胜收"，并且这种美更持久、更有品位。

所以有人说："女人是后天做成的。"

一个女人一旦拥有了不凡的气质，她终身受益。因为，气质是永不言败的。

气质是集一个人的内在精神而释放出来的高品格的影响力。它不仅仅是个人的东西，它还会影响环境，作用环境，改变环境。当一个气质不凡的人来到一个环境中，甚至这个环境也变得不同凡响。

20 年代中国的才女作家张爱玲，她不但才气逼人，气质更是高贵脱俗。她的学识，她的智慧，还有她惊世骇俗美艳绝伦的打扮，曾经倾倒整个上海滩的文学界和服装界。所以，当时甚至有人说，20 年代的上海因为有了张爱玲而更加华美有生气。

气质是一种修炼到超越自我的境界。这种境界，让人脱俗，使一个普通的人变得高雅，胸怀坦荡，行为超凡入圣。因此，一个有气质的女人，面对来自不同程度的打击、困境，她不会胆怯。而最终气质可以帮助她扭转逆境的局面，取得意想不到的胜利。

一个优秀的女人，除了美貌，还要有气质，否则就要沦为花瓶。

气质本身是一个心理学概念，它指的是人的典型的、稳定的心理特点。这种特点是与生俱来，不以人的意志为转移的。气质一般有四种类型：多血质、胆汁质、黏液质和抑郁质。多血质的人活泼、好动、敏感、反应迅速、喜欢与人交往、注意力容易转移、兴趣易于变换；胆汁质的人直率、热情、精力旺盛、情绪易于冲动、心境变换剧烈；黏液质的人安静、稳重、反应缓慢、沉默寡言、情绪不易外露，注意力稳定但又难于转移，善于忍耐；抑郁质的人孤僻、行动迟缓、体验深刻、善于觉察别人不易察到的细小事物。

每个人都有自己独特的气质，但并不是说每个人身上只能有一种气质。一般来说，人都是以一种气质类型为主导，兼有其他气质类型的特点，只是各自占的比重不同罢了。

良好的气质，是以人的文化素养、文化程度、思想品质为基础的。同时，还要看她对待生活的态度。一个志趣高尚的人自然也是一个朴素和谦虚的人，他们表现出的是一股旺盛的生活热情，绝不会像浑浑噩噩打发日子的人那样出卖肉体和灵魂，去求得一时的苟安。

在现实生活中，有相当数量的女性只注意穿着打扮，并不怎么注意到自己的气质是否合乎美的标准。诚然，美的容貌、入时的服饰、精心的打扮，都能给人以美感，但这种外表的美浅显短暂，如同天上的流云，倏忽即逝。而人的气质所带来的风采，则是与日增辉的。如果你是有心人，则会发现，气质给人的美感是不受年龄、服饰和打扮的制约的。有品位的女人怎样培养高贵的气质呢？

（1）要培养良好的姿态。首先，气质需要仪表美，女性气质尤其需要仪表美。人们羡慕那些天生丽质、内心与体态都和谐优雅的女子。对于虽然长相漂亮，但举止轻浮粗俗的人，人们会敬而远之。而那些相貌平常，但富有思想和典雅气质、姿态优美的女子，也会给人留下美好的印象。坐、立，行姿态，是最受人注目的。女性优美的风姿，首先是这三方面姿态给人留下的印象。站姿是生活静力造型的动作。优美典雅的站姿，是发展不同质感动态美的起点和基础。要领是：正步直立站好，从正面看，身体重心应在两条腿中间向上穿过脊柱及头部。要防止重心偏左或偏右。脚姿可以采用八字步。正步或碎步走姿属于动态美。富有魅力的走姿像一首动人的抒情诗，表达着健康而优美的曲线、迷人的体态和风姿，显示出端庄、文静、温柔、典雅的窈窕美。要领：女子在日常行走时，身体重心稍微向前倾1～3厘米，这样有利于挺胸、收腹。梗颈，还可以使腿部肌肉、韧带拉长而得到锻炼。这时身体重心应在大脚趾和三脚趾上。两手前后摆动的幅度要小，以含蓄为美；两腿并拢，碎步行进。理想的行迹是脚正对前方所形成的直线。脚的方向既不能向里拐，也不能过于向外撇。正确的脚距是自己的一只脚长加10厘米左右。女性的步伐，轻盈、柔软、飘逸、玲珑，宛如柔美的"小夜曲"，恬静、柔情、媚巧、贤淑，具有阴柔之美。女子端庄、娴雅的坐姿，是体现仪表美的重要内容。不正确的坐姿，除了在外观上有粗俗失态之感以外，还会对身体健康有害。要领：脊柱向上伸直，胸乳前挺，双肩平正放松。躯干与脖、小腿、脚正对前方（这是正坐。此外还有侧坐：上体与腿同时转向侧方，头部可对前方）。坐姿中的脚态可以取斜步或二郎腿。

（2）注意举止言谈。一个人生活在社会中，不可避免地要用语言去传情达意、与人交流。故有"语言是心灵的窗口"之说。谈话是一种艺术，一个善于交谈的人，往往在社会生活中取得成功。有些女子所以能在自己所从事的职业中取得显赫成绩，与她们娴熟地运用交谈艺术是分不开的。你可以从以下几方面来注意语言的训练：

①加强思想、品行的修养。一个人的思想是否健康、品行是否端正、心灵是否纯净，都能在谈吐中反映出来。

②长期坚持，逐渐积累。一种好习惯的养成，总是从一点一滴开始的。无论何地何时，无论与何人打交道，你都应注意自己的言谈话语，坚持下去，

就会养成高雅的谈吐风格。

③努力提高文化素养。一般来说，凡是语言贫乏，交谈粗俗的人，都是知识匮乏、知之甚少的人。相反，人知道得越多，道理懂得越多，知识面越宽，语言谈吐就越优美。

④善于向周围的人学习。随时注意向他人学习，也是培养良好谈吐习惯的好方法。在我们交往的人当中，既有谈吐幽默、典雅的人，也有语言枯燥、浅薄的人，我们要留心向前者学习，取其之长，补己之短，使自己在交往中语言丰富起来。

（3）注意服饰的典雅、和谐。典雅的风度，还包括和谐的服饰与恰到好处的梳妆打扮。有些女性尽管长得很漂亮，但穿着古怪、发型和化妆追求奇异，弄得怪模怪样，不但没风度，而且令人生厌。可有些姑娘，相貌与身材一般，但穿着得体，化妆注意扬长避短，发型适当，再配上文雅的谈吐、姿态，就显得格外可爱。所以，天生的条件并不能决定一个人有无风度，后天的培养、训练才是风度的渊源。"风流不在衣衫多。"你不仅要穿漂亮衣服，而且重要的是要会穿衣服。穿衣服要讲究服饰美。

说到底，女人的气质就是你时刻注意的品位修炼而来的结果。有品位才更有气质，有气质则更有品位。

笑容是最有品位的化妆品

回眸一笑百媚生，世界上再没有哪一种化妆品能比得过笑容的功效。笑容令女人具有一种让人无法拒绝的亲和力，再疏远的关系，再陌生的距离，女人的一个微笑，即能令它们在顷刻间化解。

在一些不熟悉的场合，当别人友好地看着你时，你微微一笑，那么人与人之间的关系就不会显得紧张，反而会变得自然。这种属于淑女型的微笑，最易使人产生好感。一项调查询问数百位男士："你最喜欢的女人脸部表情是什么？"答案大部分都是微笑。

津巴布韦的乔伊夫人在巴克莱银行负责公共关系，她的办公桌就放置在银行大门口内进口处的右边。她总是面带微笑，不厌其烦地解答顾客遇到的各种问题。在她的办公桌上，有一篇用镜框镶起来的题为《一个微笑》的箴言："一个微笑不费分文但给予甚多，它使获得者富有，但并不使给予者贫穷。一个微笑只是瞬间，但有时对它的记忆却是永恒。一个微笑为家庭带来愉悦，为同事带来友情。它也能为友谊传递信息，为疲乏者带来休憩，为沮丧者带来振奋，为悲哀者带来阳光，它是大自然中消除烦恼的灵丹妙药。然而，它却买不到，借不了，偷不去。因为在被拥有之前，它对任何人都毫无价值可言。有人已疲惫得再也无法给你一个微笑，那就请你将微笑赠予他们吧，因为没有一个人比无法给予别人微笑的人更需要一个微笑了。"

确实，微笑在人们的生活中有着不可低估的力量，它可能创造人际关系的奇迹，同时也改变着你自己。

如果你要改变自己，重塑迷人的魅力，就应该从两方面着手：一是心态；二是行为。

心态，就是你对待事物的心理态度，这因人而异，有的乐观向上，有的消极悲观，你的改变就是要保持乐观向上的心态，抛弃消极悲观的心态。

你如何才能学会微笑呢？下面的经验你不妨试试：

（1）让带来轻松愉快的事情围绕着你。

（2）在办公室里摆放难忘假日的照片，或者你最喜欢的宠物的照片。这些照片可以使你从日常工作中得到片刻的休闲。

（3）消除或减少负面消息对你的影响。了解世界各地的新闻是很重要的，这样可以使你的注意力从负面消息上转移。

（4）每天在你的周围寻找幽默和欢乐。如果你遇到交通阻塞，你可以假装自己正处于电视情景剧中。使用可笑的虚构形象，看他们在你的节目里如何表演。这个练习可以让欢乐取代压力。

（5）学会对自己笑。人与人之间最难的是一个可分享的微笑——即使你是一个人微笑。一旦你学会这一点，人们将喜欢你，并与你打成一片，生活将变得更轻松。

另外，你可以通过训练来使你能够更好地掌握微笑的技巧。

每天早上起来，在化妆的时候，便可以对着镜子练习微笑，开始可能会觉得不太自然，但是，一旦你能以真正乐观的心态，加上肌肉与神经的配合，一切都会显得那么天衣无缝。

同时，你可以在纸上写下一些令你快乐的事情。

比如：

因为工作顺利，今天我的上司表扬了我。

昨天我生日，朋友送了我一件很珍贵的礼物。

这段时间，我减肥又有了一定成效。

想着这些事情，你自然而然会发出会心的微笑，而这种自然的笑容更能展现你的魅力，令人倾心。

一旦你学会了微笑，并形成习惯，那么无论在什么时候你都能焕发品位的光彩。当你心情好的时候，可以大方自然地微笑；而当你心情不好的时候，更应该保持微笑，一方面是因为微笑可以为自己赢得更多的关注与掌声，你才能以最快的速度恢复到最佳的状态，另一方面也能够在不经意间感染他人的情绪。

有品位的"书"女

世界上最有内含的香是书香，有了书香的滋润，女人的品位才更具大家闺秀的风范。

琴棋书画在属于古代女子的同时，也为现代女人所喜爱，有品位的女人深深地懂得，读书可以净化自己的灵魂，在阅读的过程中，就会自觉或不自觉地寻求那一种读书精神——心灵和生命的和谐，享受那种率性的乐趣，心灵的自由和灵魂的安宁，这种读书的心境是一种纯自然的、无功利性的、诗一般的阅读生活。

每当心静身闲之时，捧着一本心仪的书，它便会让人忘记自我及身边的琐事，只静静地去体会书中的世界。每一本书都是作者用心灵谱写的乐章，当顺着音符缓缓地流淌，就可以读懂另外一个高贵的灵魂，受益匪浅。

读书在不同的年龄，也有着不尽相同的心境。青春时期，精力旺盛，求知欲强，大有读遍天下书的宏愿，书读得既快又杂，而大多是浅尝辄止，囫囵吞枣，不解其味。进入中年，品味一本书就像在轻轻地哄着婴儿睡觉般，细读慢品之余，越是能悟出书中的精华。书的灵气渐渐从那一行行文字中透射而出，让人不忍释手，捧读之间犹如庭中赏月，怡然自得，陶醉其中。

世间好书无尽，但选择符合自己品味的书来读，是有憾而无悔的，唯一遗憾的是有许多真正的好书，自己没有更多的时间去品味享受。

若在书卷堆里待的时间长了，浑身自然而然就会有一种翰墨的味道，淡淡的香萦绕在女人的身边，这种香是名贵的香水所无法比拟的。香水的味道会随着岁月的流逝而渐渐淡化，但是一个沾满书香味的女人，却会随着年龄的增长而积厚流广，日愈馨香，更见浓郁，足以相伴一生。

读书的女人是敦厚的，也是雅致的。浸在书香氤氲的气息里，女人会变得脱俗，淡然处世，绝少贪奢，她们有着一种谦逊随和的娴静之气，在芸芸众生中，一眼就能认出那份离尘绝俗的恬淡气质。

书中有太多的世态炎凉，太多的人情世故，女人在阅读的时候，也就如身临其境，领悟到什么是生活中值得尊重和珍惜的东西。她们会真心地对待自己，诚意地对待别人，让生活的每一天都充满宁静般的激情和欢乐。

一个读书的女人是一所好学校，她教会人用淑雅宽仁去面对世间的一切，远离庸俗和琐屑。她们懂得，"富贵而劳瘁，不若安闲之贫困"的真正含义，所以她们不和人攀比，不和人计较，生活得单纯而安然。

读书的女人懂得包装外表固然重要，但心灵的滋润更让人赞美，良好的内在气质，会让一个女人变得谈吐幽雅，超凡脱俗，端庄洒脱，清丽的仪态无需任何的修饰，天然的质朴像水一样的清澈，像风一样的轻柔，像花一样的绚丽……显示着一份静的凝重和动的优雅。

读书也是女人的立身之本。喜欢读书的女人，学历可能不高，但一定有文化修养，有文化修养的女人大都知书达理，处事冷静，善解人意。经常读书的女人，她们做事会思考，知道怎么才能解决棘手的问题，她们能把无序而纷乱的世界打理得头头是道，悠然自得地生活着。

读书的女人更美丽。她们没有花一样的娇艳，没有酒一样的醉人，但却如一杯散发着幽幽香气的清茶，即使不施脂粉也显得神采奕奕，风度翩翩，潇洒自如。

"腹有诗书气自华"，读书让女人变得聪慧，变得坚忍，变得成熟，也变得更有魅力。

罗曼·罗兰曾劝导女人多读些书，读些好书，知识是唯一的美容佳品，书是女人气质的时装，会让女人保持永恒的高雅品位。

一个有品位的女人除了要读《二十四史》、《红楼梦》、《牡丹亭》等中国传统文化的精髓读物和一些引领时尚的杂志以外，还必须阅读一些对现代人影响深刻的特殊书籍。

这类书籍中，首推的是用漫画表现女人的朱德庸的作品，无论是早期的《双响炮》、《醋溜族》、《涩女郎》，还是近期在内地热播的《粉红女郎》，都一定在让你更深层次地了解你的同性的同时，为你提供了一个引领潮流的话题。

其次是村上春树和渡边淳一的作品。村上春树的名字是和他的作品《挪威的森林》一起被中国人记住的，那是一部影响了日本和中国一代人的作品。村上的近期新作《海边的卡夫卡》也是一定要读一读的，在这部引起中国非典时期图书热的作品中，作者给我们讲述了一个 15 岁少年因憎恨父亲而离家出走的故事。小说用充满"卡夫卡式"的隐喻奇想和语言把我们的灵魂也带入了一个宇宙和生命之谜的核心地带。日本的另一个必读作家是以《失乐园》闻名于世的渡边淳一。这部作品最后的结局太灰暗了，但是它从另一个真实的角度更加深刻地向我们阐述了现代的爱情与婚姻。亦如蒲松龄、曹雪芹，他们都是一群寂寞的男人。寂寞男人的心灵独语，你怎么能错过呢？

读过《挪威的森林》你就不能不知道《了不起的盖茨比》，这就是主人公渡边好似吸毒一样不肯撒手的那本小说了。当然，此盖茨非彼盖茨也，不过你猜得没错，他也是百万富翁，呵呵，其实不是百万富翁，但是，确实是个你即使这么理解也没关系的人物。

如果你能侃侃而谈说起《了不起的盖茨比》，你一定要说到那个爱穿白色的上衣和裙子，宛如纯洁可爱的天使，但实际灵魂污点斑斑浑身铜臭的黛茜。借此可以好好地阐述一下你个人对于财富的评价和看法，比如，你说："真的，我一直抱有这样的观点，男人不喜欢爱财的女人，那是因为他们不自信，他们很心虚，他们觉得金钱是他们自身之外的东西。就像美女都说自己不喜欢好色的男人一样，那是她们害怕自己人老色衰，做了明日黄花被遗弃。可是实际上，他们与众不同的地方在哪儿？他们为什么可以这么说呢？

没错，就是因为他们现在有这些让他们自己惧怕的却又不肯放弃的东西呀。"

其实，你完全可以读书不多，但是，你不能不读几本值得一读的书，欣赏一些有品位的艺术作品。没有人要求你非要懂莎士比亚的十四行诗和日本的俳句，但麻烦你背几首李清照的词吧！有人说，琼瑶阿姨当年就是这样俘虏了平鑫涛叔叔的。另外，曾经热销的另一本女人"圣经"《How to Marry A Multi-Millionaire》（《如何嫁个千万富翁》），我想你应该尽量避而远之，它很容易让富有格调的你沾染上学习书里的俗气。另外，像普希金、泰戈尔、惠特曼等人名，你应该多少知道一点，时不时地从嘴边溜出几句他们的诗，会让人对你另眼看待。还有，海明威、川端康成、托尔斯泰、巴尔扎克、歌德、但丁这些人的名字和他们的作品，你也应该耳熟能详。如果你还能知道博尔赫斯、马尔克斯、帕斯捷尔纳克、萨特、茨威格、福克纳，那别人简直要崇拜你了。精神医生弗洛伊德也是必不可少的。说到哲学家的时候，就是康德、尼采、福柯了。

畅销书应该尽量少读，不过像《格调》这样的书却应该拿来翻翻。如果你还能跟别人讨论一下他的书名是怎么由英文的class译成中文的格调的，那就更了不起了。还是同样的道理，大多数的人出于赶时髦的心理在看的书，真正有品位的女人是敬而远之的。

在天籁中升华

音乐是与品位关系最密切的一件事，如果我们想知道某人的品位如何，就看他听什么样、欣赏什么样的音乐即可略见端倪。并且，这种品位在很大程度上是与他的地位息息相关的，正如在我国古代，上层人士之间流行阳春白雪，而社会底层的人们则喜欢下里巴人，品位决定地位，这应该是最好的例证。

音乐在很大程度上属于女人，女人也大多都喜欢音乐，喜欢那种幽幽的灵魂，喜欢那种多愁善感。听音乐的女人，能准确地捕捉男人细微的忧伤，所以她们也能得到男人的欢心。

生活中，喜欢音乐的女人，不一定有妩媚的外表，她们看起来普通而低调，喜欢较深而不张扬的颜色，她们习惯沉默，习惯独处，习惯思考。她们总是出现在很安静的角落，用一杯咖啡抑或一盏清茶相伴午后闲暇的时光，看似波澜不惊的外表下，却隐藏着汹涌澎湃的心，她们的心底流淌着优美的音乐，跌宕起伏，绵延不绝。

女人和音乐在一起，她所散发出来的气息，会令人浮想联翩，就如饥饿时见到某种美丽自然的景物就能产生温饱似的，于是便有了"秀色可餐"的比喻，自然和事物的两重性又决定着那些美丽让人感到不顾一切地忘乎所以。

生活就应该像音乐一样优美而有激情，所以，女人用天生的灵感，演绎着生活的舞曲，舞得诱惑，舞得迷人，也舞得心灵有了朝气和活力，从而美化了人生，也美化了女人的灵魂。

音乐让女人感受爱，让男人渴望爱，让所有熟悉的、不熟悉的人，都因为女人和音乐的挥舞，而搭伴而交融。女人用音乐舞出了自己的人生，舞出了生活的真谛，同时也舞出了自己雅致的魅力和品位。

若想更有品位地欣赏音乐，应该做到以下几点：

（1）养成良好的欣赏习惯。欣赏时应全神贯注，仔细品味，特别是在音乐会上，要注意文明礼貌，不随意走动，共同营造一个高尚的欣赏气氛。

（2）要选择优秀作品。包括声乐曲和器乐曲，可以从近代的、民族的、小型的作品开始，进一步欣赏古代的、外国的、大型的作品。

（3）欣赏方式要多样。可以参加音乐会，也可以利用唱片、录音带。广播和电视台播放的音乐节目常常有集中的主题和讲解，是欣赏音乐的好机会。

（4）与家庭成员共同欣赏。吸引和组织亲友共同欣赏，不但可以交流各自的感受，而且能加强亲友间的感情，培养家庭的文化氛围。

（5）平时积累音乐知识。欣赏音乐还要在平时积累一些有关音乐表现功能的基本知识，就是音乐语言要素的知识，包括旋律、节奏、节拍、速度、力度、音区、音色、调式、调性、和声……正是这些要素的不同运用与组合，构成了音乐作品在感情上、气氛上、色彩上、个性上千变万化的表现力。

最后，我们要告诉你，关于品位问题，切不可装腔作势。尤其是音乐，其中涉及很多专业性很强的知识，在你确定自己了解的情况下，你完全可以大方自信地与他人交流体会心得，如若不懂，则可以虚心倾听别人的高见。不懂装懂，信口开河会让你的品位和形象毁于一旦。

舞出火热激情

把运动和娱乐的魅力集于一身，并且还可以轻而易举地上升到艺术的高度，能做到这一点，非舞蹈莫属。跳舞的男人多是出于职业的需要，而跳舞的女人则完全可以修炼品位为目的。

女人尤其适合跳拉丁舞和国标舞。

拉丁舞并不是所有女人都能驾驭的一种舞蹈。它的内涵需要有热情的女人才能淋漓尽致地表现出来。所以，跳拉丁舞的女人，都是充满热情的女人。这些女人这样总结跳拉丁舞的八大益处。

（1）使心灵得到升华。

（2）无论男女，都能培养出良好的姿态。

（3）增强体质，给你一种"生活多么美好"的感觉。

（4）培育社交魅力。

（5）助你永葆青春，赶上时代新潮流。

（6）增强自信，是一项很好的社交财富。

（7）可能是最廉价、最有回报的一种消遣。

（8）现在就可以开始，到老会有意想不到的收获。

拉丁舞除了打动人心的八大益处外，还借着它热情洋溢的活力，以及动感个性的舞姿，渐渐笼络着每个女人的心。女人们对它的评价是，流畅大方，充满激情，却又不失文雅。女人爱拉丁舞，是因为它有着让女人心动的浪漫和激情等。

浪漫——从某种意义上来说，拉丁舞是一个男女两性的能量交流。如何用一种关系、用一种生命、用一种身体的方式很美地表达出来，是拉丁舞核心的东西。

激情——拉美的人说，在这一场舞蹈之后你会发现地板上有一种被爱灼伤过的痕迹。

多元——拉丁舞蹈的概念实际上囊括了体育、时尚、舞蹈、戏剧、幽默等等，像精致美好的服装服饰也是拉丁舞蹈的一部分。

动人的音乐——拉丁音乐是煽情的，比如伦巴，它是一种很完美的音乐，情感的音乐，随着它自己可以律动起来。

完善的体型——听着拉丁音乐去律动，整个精神与肉体都在律动的时候，你会觉得这是最好的运动，也可以给你带来最好的体型。

快乐——人最美丽的时候就是心情最快乐的时候，自己做自己愿意做的事情。当都市生活的高压令你感到精神疲惫的时候，不妨听听拉丁音乐，让自己身体律动起来，这样可能给你带来一段欢愉。拉美人跳舞的时候不按什么具体的套路去走，他们只是一种感觉，一个细微的律动，他们就觉得很满足，眯上眼睛，如果阳光照耀着那就更美了。

自由——如今风行世界的 Salsa 是由街头 Style 演变而来的，自由和随意，更能凸显个人风格。据说，这种古巴风格的 Salsa 源自街头，拉丁乐手在街上即兴奏起音乐，闻声起舞，空气顿时弥漫起 Fiesta 的欢悦。和同样作为拉丁舞的伦巴、桑巴、恰恰等相比，它在服装和舞技上更为随意，不需要固定的舞伴，舞姿也更为热烈奔放，而和迪斯科相比，它又多了高雅的气质；比起探戈、华尔兹，它少了束缚感而更具"煽动性"的风情与活力。

感动——伦巴不像恰恰、桑巴那样热情奔放、激情四射，但它能让你走进你心里面，通过你的眼睛看到别人的内心世界，它的音乐非常感人，给你提供非常大的张力，能触动到你心灵当中非常敏感的地方。

拉丁风暴正在以它如瀑的阳光和魅力，以及光芒四射的激情，风行全国各地。人们视野已经从宫廷舞的优雅中淡出，从轻歌曼舞的世界里遥望着伦巴和恰恰，遥望着急风骤雨般的心灵律动，在拉丁舞的昂扬的生命里感知现代都市的韵律。女人对它的痴迷，更是一发不可收，因为拉丁舞展现了女人身上几乎所有的魅力，女人不爱都没有理由。

国际标准交谊舞作为一项高贵优雅的运动，和拉丁舞一样，它不但可以调适现代人忙碌的生活，舒展身心，并且有良好的社交功能。由于它实质上代表一个国家或地区的文化和经济水平，世界各国各地区竞相提倡，风行日盛。我国自 1986 年正式引进后，随着这几年的大力推广，发展迅速。

国际标准交谊舞，又称体育舞蹈，原起于英国伦敦，1924 年由英国发起欧美舞蹈界人士，在广泛研究传统宫廷舞、交谊舞及拉美国家的各式土风舞的基础上对此进行了规范和美化加工，于 1925 年正式颁布了华尔兹、探戈、狐步、快步四种舞的步伐，总称摩登舞。并将此种舞蹈首先在西欧推广并进行了比赛，继而又推广到世界各国，受到了许多国家的欢迎和喜爱。1950 年，英国"黑池"由英国 ICBD（世界舞蹈组织）主办了首届世界性的大赛——LACKPOOL DANCEF ESTIVAL1950（黑池舞蹈节），并把规范后的舞蹈命名为国际标准交谊舞，以后每年的 5 月底，在英国的"黑池"举办一届世界性的大赛，随着此种舞蹈在世界的不断推广，自身也得到了发展，摩登舞中又增加了维也纳华尔兹。

国际标准舞包括：

一、华尔兹（Waltz）

起源于 17 世纪德国乡间土风舞，具有优美、柔和的特质，也是历史悠久，最受人喜爱的舞蹈。现今的华尔兹已经过改良，融合端土及奥地利等地的土风舞"维也纳华尔兹"的特性，并将音乐的速度放慢而成。旋转是毕尔滋的精髓所在，甚至可以说是华尔兹的生命。

改良过的华尔兹，约在第一次世界大战后由英国传出。由于舞姿优美，加上三拍子的音乐又是那么动人，抒情中带有些许的浪漫与哀怨气息，因此极受欢迎。音乐：3/4，重音在第一拍，每分钟 32 小节左右。

二、探戈（Tango）

探戈舞可以说是摩登舞家族中的"异类"，无论握持、音乐性格、移动、舞步等，都无法与其他摩登舞科融合。其起源迄今尚无定论，有人以为它是源于阿根廷、巴西或墨西哥；也有人以为它是吉卜赛人的舞蹈。而根据史料记载，公元 1900 年，探戈即在巴黎出现，由于其舞姿怪异，受到教会的反对，不久即销声匿迹。

1910 ~ 1914 年，因阿根廷的舞蹈教师在美国推广，又逐渐受到注意而开始流行。美国式探戈，较优雅妩媚，动作轻柔，具有绅士风度，但后来逐渐没落。不过，脱胎于美式探戈的"台湾探戈"，节奏缓慢，步法悠闲，颇具社交价值，加上流行歌曲的推广，因此，历久而不衰。

英国式探戈，自始至终都保持着它的神秘色彩，音乐抑扬顿挫、刚强有力，令人热血沸腾，舞步畸形怪异，例如摆头顿足、欲进还退，雄赳赳气昂昂……舞蹈风格充满豪迈精神，即为现今之标准式探戈。音乐：2/4 或 4/4，每分钟大约 33 小节。

三、狐步（Foxtrot）

狐步舞起源于美国黑人的一种舞蹈，因其舞步为模仿狐狸小跑（Trot）的姿态，所以叫做 Foxtrot。狐狸小跑时是用四条腿不断交替移动，左右交叉前进。跳狐步舞时，同样也是左右脚交叉前进和后退，不会在一小节末了成并合步。狐步舞移步平稳，身体的升降起伏主要由脚跟与脚尖（大多包括脚掌）着地的不同而形成，因而在大部分时间内身体呈平稳状态，只是在短时间内有如直升机直升直降的升降动作。脚跟、脚尖着地不同的动作要领有如下几种情况：

跟——尖：前进步先用脚跟着地，再过渡到脚掌、脚尖着地。

尖——跟：后退步先用脚尖、脚掌着地，再过渡到脚跟着地。

尖——跟——尖：先用脚尖、脚掌着地，接着脚跟着地即变为全脚着地，再变为脚尖、脚掌着地。

狐步舞的节拍为 4/4，速度为每分钟 30 小节，基本节奏是：慢—快快—慢—快快，慢步占二拍，快步占一拍。

四、快步舞（Quick Step）

快步舞为摩登舞中较快速的一种舞蹈，动作伶俐、轻快。如果将华尔兹比喻为以旋转为主体，则快步舞则是以直线轻快移动为主轴。由于快步舞音乐节奏较快，一般人会误解，舞动时也须跟着急如星火满场飞舞，其实，高级舞者都会恰如其分地掌握音乐节奏，快慢有序，所谓"静如处子，动如兔脱",更能淋漓尽致地展现快步舞的魅力。因此,舞步不宜急着向前冲刺,太大步的移动,将有失控之虞,反而无法表现其轻快活泼的本质。音乐:4/4,每分钟约 55 小节。

五、维也纳华尔兹(Viennese Waltz)

它是社交舞中历史最悠久的舞种,又称为圆舞曲或宫廷舞,因其具有欢愉及自由气氛故极受欢迎。维也纳华尔兹步法不多,多半以快速地左右旋转动作交替,绕着舞池飞舞,间或加入原地左右旋转(flecker)动作,舞者裙摆飞扬,华丽多姿。由于施特劳斯曾为维也纳华尔兹撰写不少动听舞曲,更使得这项舞蹈风靡整个欧洲。音乐:3/4,每分钟约 56 小节。前面介绍过的华尔兹舞,即是英国舞蹈家将维也纳华尔兹音乐速度放慢,并加以改良而成为目前更流行的慢华尔兹。

修炼自信之美

一个有品位的女人往往是集众多优良品质于一身,比如修养、比如学识、比如气质,而要把这些品质都充分地表现出来,还有一样东西必不可少,那就是自信。

自信是一面充满魅力的旗帜,它会把好运招致旗下。在充满自信的人身边,总会聚集着一批受其感染的人,与他一道,共同开拓基业。

自信让你神采飞扬,令普通的装束平添韵味;自信给你不凡气质,使出色的你更加光彩夺目。让我们把自信和衣服同时穿上,度过神采奕奕的一天!

生活中没有完美的人，我们只是在不断追求完美，所以，不要再为腰围、青春痘或是单眼皮而伤脑筋了，整体形象比任何局部都重要。经过这么多年的探索，应该相信自己已拥有协调的整体形象，我们要做的只是锦上添花。

自信是一种精神状态，它使人的内心饱满丰盈，外表光彩逼人。正所谓：水因怀珠而媚，山因蕴玉而辉，女人因自信而美。自信的女人从容大度，舒卷自如，双目中投射出安详坚定的光芒。对于那些事业有成的女科学家、女企业家、女作家以及在舞台银幕上耀眼的女明星们来说，自信使她们更美丽、更健康，也更加出色。而街市上那些青春勃发、魅力四射的少女们，则用她们骄人的自信为城市增添了一道道亮丽的风景。

发现自己的闪光点。每个人都有过人之处，在仪表上千万别"以己之短度人之长"，只要扬长避短就能塑造美好形象。闪光点可以是优雅的气质、"来电"的目光，可以是高挑的个头、匀称的身材，可以是漂亮的皮肤、大大的眼睛、性感的嘴唇、小巧的鼻子……如果你认为自己从上到下一无是处，有问题的一定不是创造你的上帝，而是你自己。

相信自己，坦然面对注视。如果出门前已照过镜子没有问题，那么路人对你的注视是因你的外表吸引而起，并非你的形象出现问题，得到的注视越多，证明你美丽指数越高。坦然面对注视非常重要，这是起码的自信。

在这个处处充满竞争的社会，那种自怨自艾、柔弱无助的女人已日渐失去市场。男人不再是女人的主宰，女人也早已不是男人的附庸。"男人追求的极致是成功，女人追求的极致是幸福"的名言也日渐黯然失色。女人学会自我拯救和自我完善永远是最重要的。渴盼男人赐予你幸福永远是被动而不安全的。有一位年轻的女记者在跻身于记者行列之前，只不过是一个极其普通的农家女青年，她高考落榜后，不甘消沉，勤奋苦学，来到一家大报社毛遂自荐要当一名记者，不要一分钱工资，靠写稿维持生计。几年下来，她成了一位颇有名气的记者。男人就欣赏这种乐观自信的女人。这个世界上自强自立的女人多了，男人背负的精神压力就相对减少。而且，一个男人能与一个不仅只满足衣食之安的女人共度人生，生活永远不会陈旧，人生也不会走向退化。

那么，女人自信之美，该从何处开始修炼？

（1）女人应该有自己的追求

无论在工作还是生活中，女人都应该给自己树立一个目标，这个目标要有一定高度，但又不是遥不可及的。有个目标在前面，就会有前进的动力。当然，具有前瞻性很重要，你知道你现在要做什么，将来要做什么，也许是一年的计划，也许是三五年规划，精心的安排，会使你更容易获得成功。但是，成功不一定是要做到显赫的职位，有着天文数字的月收入，只要有着自己的追求，快乐满足地生活着，这样的女性实际就是成功的。

女人一定要有自己的事业。有事业的女人会尽力为理想努力，想尽办法实现预期目标。但这种事业并不一定局限于一份工作，而是要有一份执着的追求。比如有的人不适宜做8小时制的工作，那么可以在其他方面发掘自己的潜力；再比如全职太太，她和她的丈夫明确认识到确实需要一个人在家照顾孩子，那么，辞去工作，把家庭经营得井井有条，也是一份需要花心思的事业。

（2）女人的自信源自自我肯定

写一手漂亮的字，讲一口流利的外语，唱起歌来嗓音甜美，都可以成为女性魅力的展现。这些与众不同的女性魅力，包括了一个女人的信念、学识、品德、聪慧、能力、气质等等，其中，自信是首要的。这种自信不是光靠嘴上说说的，是真正要发自内心的。它可以表现在各个方面，比如，每月拿一样薪金的女人，有自信的会贷款买车、买房。一来她可提前享受到更优质的生活，另一方面也是对自己能力的肯定，认为自己可以偿还所贷款额。当然，她会认识到这其中有很大的压力，但自信会使女性把这种压力转化成动力，使之为它继续奋斗。

（3）不要忽略女人自身的优势，其实女人的潜力很大

有一个比喻，说女人是感性动物，说女性考虑问题缺少战略眼光，没有逻辑思维。如果你也拘泥于这种未必科学的思维定式中，那就会埋没自己的潜力。

有人说："女人的细心、灵活、圆润都是自己的优势，千万不要忽略这些，而且经常面带微笑，你会发现自己的潜力很大。"举个简单的例子，女性在制定自己的目标时往往是虚拟的，不像男性的目标那么实际，这样，她在实践中很容易灵活调整，也就更容易实现目标，获得成功。

这世上没有失败者，只有自卑者。同样的道理，这世上没有丑女人，只有不自信的女人。女人因自信而更美丽、更有地位。

"阳光"的杨澜，品位的杨澜

从中央电视台的《正大综艺》一路走来，在今天的中国大地上，没有几个人不知道杨澜的名字。

杨澜现任阳光媒体投资控股有限公司主席。阳光媒体投资控股有限公司是国内领先民营媒体企业之一，现持有 11 家亚洲地区媒体类企业公司的股份；而上述公司的业务组合包括 31 种各类杂志、3 种不同类型报章、10 条电视广播频道、3 个门户网站及多类型互联网、多媒体产品、教育及学院投资、体育／赛车运动以及音乐娱乐事业等。阳光媒体投资控投有限公司现分布于 9 个国家／地区内的 15 个城市，发展其多元化业务。

杨澜从中央电视台的《正大综艺》起家，于电视新闻报道及访谈节目主持方面具有逾 13 年经验，其现时主持的"杨澜访谈录"深受世界华语观众欢迎。

杨澜曾于 1999 年和 2001 年被评选为"亚洲二十位社会与文化领袖"之一，和"能推动中国前进、重塑中国形象的十二位代表人物"之一。杨澜女士亦被推选为 2001 年度海内外 10 位有影响力的"《中国妇女》时代人物"之一及于 2008 年被评为"中国企业女性风云人物"之一。

2001 年，杨澜出任北京申办 2008 年奥运会的形象大使；同年 7 月，在莫斯科国际奥委会会议上代表北京作申奥的文化主题陈述。

自 2003 年 3 月起，杨澜担任中国人民政治协商会议第十届全国委员会委员。日前才与书业大亨贝塔斯曼结盟的杨澜，紧接着又和 IT 巨头联想集团携手，其附属的京文唱片已与国内最大的 IT 企业——联想集团达成跨行业合作协议，他们将在影音产品发行、品牌渗透和市场营销等方面合力出击，力争国内音像连锁经营的龙头地位。双方合作的主要项目是借助联想集团遍布全国的软件专卖店，进行音像制品的连锁经营。这又是杨澜的一次大手笔。

关于杨澜的人生历程，我们在此不做太多的探讨，我们要说的是杨澜的品位生活，相信大多数女人对此更有兴趣。

（1）独立自信成就高雅的气质

杨澜有着十分广泛的生活接触面，很多知名人物她都访问过，政界有钱其琛、石广生；文化界有金庸、张艺谋、谭盾等。她也访问最普通的老百姓，绝不会"脱离群众"。因职业需要她到处跑，练就了什么都能吃的本事，无论是农村的地瓜，或是大城市大酒店里的佳肴，她都照单全收，唯一条件就是食物的卡路里不要过高。杨澜每三天出差一次，有时一天要坐十几个小时飞机。接触的人有富商政要，也有市井平民，对于哪一种生活素质都要有确切的体验，她精彩的阅历使生活充实，亦使她养了"Never be Shy"的个性。

她讨厌被别人牵着鼻子走，喜欢当自己的主宰，如此独立的性格亦反映在她对服饰的要求上。

"宋庆龄的古典美亦刚亦柔，混合了强者的风范和智者的味道，含蓄而充满慧黠；香港特别行政区布政司司长陈方安生的妈妈方召麐穿衣大方得体，处处表现她的高雅气质和涵养。我认为年纪渐长并不会影响个人美态，只要穿得其所便可以衬托出自然典雅的气质。"杨澜以两位长者为喻，道出了她追求古典美的穿衣哲学。她特抗拒那些只顾夸张不求质素的服饰，喜欢较耐看、细节精巧的经典服饰。Clean（简洁）、Professional（专业）、Stylish（时尚）是杨澜挑选衣饰的三大原则，最重要的是保持自己的风格：难怪她每月花一个下午到商场逛逛便可搜罗好日常所需，因为她相信直觉和了解自我，从不爱挑来挑去，这种感染力强的自信是现代新女性的典范。

（2）杨澜的审美观

"每次到纽约，我总爱往大都会博物馆（Metropolitan Museum）寻宝，挑选一些具民族特色的饰物。每次我都会满载而归，有时是仿埃及式的项链，有时是中国古代首饰，也有文艺复兴时期的复制精品，这些复古的珍品最讨我欢心。"杨澜不但对复古首饰有浓厚的兴趣，而且因此得出世界审美潮流相融汇这个结论。她特别提到无论是服装设计也好、艺术也好，其实是互通的、互相影响着的。她谈到曾经接受她访问的著名音乐家谭盾，说他擅于结合东西方艺术精髓，表现在其音乐上，可知怎样受东西方文化交流所感动。她以披丝巾为例，说可以披得像印度妇女般，亦可作英式的打结，世界的审美角度似乎渐渐有了 globalize（大同）之势。杨澜更透露她最喜欢的饰物就是购自博物馆的金色图腾别针，别在简单的晚礼服上，既简洁又高贵，还透现复古的秀与灵之美。

"美国的文化基础与中国有别，财富不一定在服饰上反映出来，他们不是只会选名牌，反而崇尚那些较耐看的衣饰。"杨澜的话与近来一个调查的发现不谋而合，就是美国人不注重穿，花在家居布置上的金钱远远比亚洲人为多。可是在香港，人人都将名牌往身上堆，唯恐别人不知道自己的身家和所谓的品味。这股强烈的消费欲正在往北方吹袭，在内地也掀起了不少风波，不过，杨澜认为内地的品牌档次依然分得很清楚，质量仍有待改进。

（3）杨澜的服饰配搭

台上：主持节目时多穿颜色较鲜艳的服装，让人看来精神饱满，观众也看得赏心悦目。

台下：杨澜酷爱海洋，偏爱蓝色，休闲服以蓝色系清新简洁服饰为主，特别钟情于冰蓝及宝蓝色。

宴会中：黑、灰、宝石蓝色连身长裙可以突出其修长的身形，配一条优质丝巾或一件精致小饰物，既简单又不失大体。

品牌：与 Bally 惺惺相惜，充分表现其自然的穿衣态度。

首饰：服装要求简约高贵，首饰方面则绝对讲究美感，尤其是一些复古的设计令其爱不释手。

时装配件：一条丝巾可以营造出截然不同的感觉，例如上镜时选一些色彩较丰富的，尽显活泼神采，至于出席隆重宴会时披上它，又显得贵气盎然。

希拉里——离美国总统宝座

最近的那个女人现在，美国总统大选正在如火如荼地进行着，不管结果如何，我们都应该记住那个女人的名字——希拉里·克林顿，美国总统的宝座近在咫尺，她正在以她独有的魅力给全世界的女人做出一种表率。

希拉里·克林顿的杰出智慧和坚毅个性，丝毫不逊于她名震四方的丈夫比尔·克林顿。早在 1992 年的选民见面会上，她雄辩的口才和不失优雅的风度，就给人们留下了深刻印象。一位选民惊呼："怎么是比尔·克林顿，而不是她竞选总统？"

一上任纽约州的参议员，她就一改贤妻良母的形象，脱掉了第一夫人的紧身胸衣，穿上了富有个性的时装。现在，她常常随意地把双手背到身后，摆起威严的军姿，在参议院，她时而在民主党领袖汤姆·达施勒的麾下奔走，时而又去会晤共和党人约翰·沃纳和迈克·德怀恩，游说他们支持她的全国教师招募议案。如果没有那一头动人的金色短发，人们定然会淡忘她的性别。

当然，这并不是说，这位纽约州参议员已经蜕去了她女性的特征。实际上，她正在利用自己身为女人的有利条件，对参议院的男人们施展磁石般的魅力。民主党的肯尼迪参议员走向议会大厅发表演说时，总是发现有两道充满钦羡和敬仰的目光在注视着自己，他知道那是希拉里·克林顿温柔的目光。他对希拉里的评价是，"她以一个经验丰富、学识渊博的政治领导人的面目出现在参议院，她有自己的观点，工作努力，善于倾听别人的意见，赢得了所有人、包括过道那一边的人（即共和党人）的尊敬，有些人曾等着看她的笑话，可最终他们打消了这个念头，他们喜欢上她了。"

希拉里时常和共和党的男参议员们在参议院的走廊上开些小玩笑。她举手投足之间俨然又是一个比尔·克林顿。一位参议员的助手说："她总是在含笑点头。看到她的微笑，会使人们觉得，当有人大骂她的丈夫克林顿时，她也会和那人拥抱。"

希拉里参议员充沛的精力和无尽的热情委实令人惊异。她在走马上任尚不足百日时，就已提出了 10 个议案，还襄助了另外 66 个议案：由于 6 月份之前共和党人同时控制了白宫和国会，她提出的和襄助的议案大都遇到了强大的阻力。虽然屡战屡败，但她从不气馁。

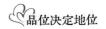

民主党的教育改革议案最后虽然未获通过，但希拉里·克林顿为推动这个议案做出了很大贡献。参议院民主党领袖达施勒曾评论说："我党在全国组织委员会上所希望的教育议程，正是希拉里在阿肯色州曾实施的那种。在过去的两周中，我党的组织委员会制定了针对教育议程的各项策略，她非常积极地参加了我召集的所有会议。"

这就是希拉里·克林顿。她正在为自己，也为美国的历史，书写着全新的篇章。她是位不靠丈夫，而是靠自己的努力赢得人民拥戴的第一夫人。不可否认，她和她的丈夫在道德和工作方面都远非无懈可击。希拉里曾引起了保守派的恐惧和狂怒。她的对手还在恶意地中伤她，然而，她依然是坚忍不拔。

2001 年 5 月，耶鲁大学学生选中了希拉里做他们班级的发言人。她激励毕业生们，"要敢于竞争"、"勇于关心"。显然，大多数学生把她视为行动的楷模。2001 届毕业生格兰特·查文说："15 年之后，我仍会记得希拉里·克林顿在我的毕业典礼上的讲话，而不会记得那些所谓的桂冠诗人之类的角色。"另一位学生雷切尔·伯杰说："作为一个女人，获得如此程度的成功，可以想见她为此做出了何等的牺牲。"2001 届毕业生阿莱娜·巴托里说："我并不是希拉里的狂热崇拜者，但是她的生活经历对我是很好的借鉴。她做到了'敢于竞争'、'勇于关心'。她是个楷模。"

第五章

用潇洒书写有品位的生活

　　假面具让人活在虚伪和禁忌的世界里，它让你总是有太多的顾虑，凡事不敢越雷池一步。但是，生活是如此丰富多彩，何妨摘下假面具，放开一点。潇洒一点。如此，便可品出生活的新滋味。

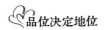

摆脱复杂表象的困扰

在一个非常炎热的中午，佛陀经过一座森林时，忽然觉得很口渴。于是，他对随侍在一旁的阿难说："还记得我们不久前经过的那条小溪吗？你回那儿帮我取一些水来。"

阿难走回到小溪旁边，因为刚刚有马车经过，溪水被弄得非常污浊。阿难心想："这水太脏了，不能喝了。"

他回到森林，告诉了佛陀这个情况，说："那条小溪已经变得很脏了，请您允许我继续走，我知道就在前面不远处，还有一条河，那里的水非常洁净。"

然而，佛陀却摇摇头，坚定地要求他："不，阿难，你得再去刚刚那条小溪取水回来。"

阿难面有难色地应了一声："是。"然后，满怀担忧地再次回头到小溪边去取水，他很犯愁，那样脏的水怎么能给佛陀饮用呢？他想，明明水已经脏了，为什么世尊还要让我去取水呢？越想越不得其解，于是阿难又折回到佛陀面前追问原因，佛陀没有解释，只坚持地说："你去吧！"

阿难只好遵从，当他再次来到小溪边时，眼前的变化令他大吃一惊，因为溪水居然又变回他们初见时的清澈、纯净，黄浊的泥沙已经全部流走了。

于是，阿难开心地取了洁净的溪水回来，跪拜在佛陀脚下，说："谢谢您又为我上了一堂课，原来世间没有什么东西是恒久不变的。"

作家希·切威廉斯曾说："人生是一次航行，航行中必然遇到从各个方面袭来的劲风，然而，每一阵风都会加快你的航速。"

人生总是有起有落，有顺境也有逆境，正如同我们不可能跨过同一条河流两次，我们也不可能总是处于困境或逆境。如果我们只看见水中的泥沙，却不知道它还会变得清澈，那就不可能摆脱忧虑，更不可能喝到变得洁净的水了。

在第二次世界大战期间，一位来自美国马里兰州马尔的摩市的青年泰德，正在欧洲服役，忧虑使他精神衰弱，得了一种医生称为"横结肠痉挛症"的病——这是一种会带来剧痛的病。他进入陆军诊疗站进行治疗，他告诉医生：

"我隶属步兵94师死亡登记处，我的工作是记录作战死亡、失踪及受伤的士兵名单，还要帮忙挖掘草地掩埋在战场上的盟国及敌国士兵的尸体。我收集这些士兵的遗物，送回给他们的亲属，因为他们已经失去了亲人，这些遗物显得格外珍贵。我总是担心出差错，造成尴尬。我觉得自己可能撑不下去了，我害怕再也没机会拥抱我那刚刚16个月大的儿子——我还从来没见过他，在他出生以前我就奉召入伍了。"

这时的泰德，由于心力交瘁，体重已连续下降了4磅。他老是精神恍惚，一想到可能不能活着回去，他就恐惧得精神崩溃，甚至只要一独处就忍不住哭泣。他简直完全放弃了再过正常生活的期望。

医生给他做完检查后，告诉他毛病出在心理。医生说："我要你把人生想成一个沙漏，上面虽然堆满成千上万的沙粒，但是它们只能一粒一粒平均而缓慢地通过瓶颈，你我都没有办法让一粒以上的沙粒同时通过瓶颈。每天我们都有一大堆该办的事，如果我们不能一件一件地有次序地处理，就像一次只让一粒沙通过瓶颈，那我们就有可能对自己的生理或心理系统造成伤害。更别提还要去担心明天的沙粒如何通过瓶颈了。"

这位医生的话给泰德很大的影响，他从忧虑中摆脱出来，一次只过一粒沙，一次只做一件事。这个理念不仅在战时拯救了他的身心，直到战后秦德成为一家公司的广告部主任以后，仍在帮助着他。

泰德发现工作与战时的问题是相似的，工作繁重而时间不够用——存货不多了、有新的表格要填、要安排新的订货事宜、租用的仓库快到期了等等。为了避免紧张，不再为这些事而忧虑，泰德牢记军医的话：一次一粒沙，一次一件事。他因此更有效率地工作，也过上了潇洒的生活。

沙漠上也有盛开的花

有许多人会抱怨自己的生活环境不好，工资不高，老板太苛刻，同事爱斤斤计较，连家人也不理解他……在他们看来，似乎就没有一件称心如意的事，觉得生活就像沉重的十字架一样压得自己直不起腰，更别提去欣赏和享受生活了。

一位事业有成的老板讲过一个故事："在我上小学的时候，家里很穷，虽然爸爸妈妈都有工作，但是厂里效益不好，常常发不出工资来。而我们全家有六口人，年迈的爷爷和奶奶经常生病，要看医生吃药，我和姐姐上学又要交学费。可想而知，我的父母该有多么辛苦，经济上有多么捉襟见肘。"

"可是，我从来没有见妈妈的脸上失去过笑容，她似乎从来都不曾有过烦恼。家里没钱买肉、买青菜，长年只能以咸菜下饭，妈妈总是能变着花样把咸菜做出不同的口味，吃起来好吃极了，一点也不单调。妈妈总是把我和姐姐的衣服洗得很干净，所以，虽然我们的衣服不多，但总是在同龄小孩中显得很整齐。妈妈还很喜欢打毛线，把我们的旧毛衣拆掉织成当年最流行的花式，所以，虽然我们没穿过商场里卖得很贵的毛衣，但是我们的毛衣是特别漂亮的，让同学们都很羡慕。"

"等我长大成人之后，我意识到，正是妈妈对待生活的乐观态度影响了我，我学着像妈妈那样，用心去生活。不论有钱没钱，对生活的品味是不能失去的。"

故事中的那位母亲，是一个很会生活的女子，经济和家庭的重担在她柔弱的双肩上显得微不足道，因为她的心里装不下这些烦恼，她的时间都用来教儿女品味生活里那些朴素的快乐了。

是的，当一个人能潇洒一点去生活，就会发现那些令人快乐的事情都是很简单的。高品质的生活可以用一双手去创造。

位于非洲北部的撒哈拉沙漠，是世界最大的沙漠，有着干裂的土地、漫天的风沙和坚硬的岩石。当三毛来到这片土地上时，是抱着乡愁似的浪漫情怀而来的，她第一眼看到的撒哈拉，是"无际的黄沙上有寂寞的大风呜咽地吹过，天，是高的；地，是沉厚雄壮而安静的。正是黄昏，落日将沙漠染成鲜血的红色，凄艳恐怖"。

她栖身的房子前面是垃圾场，后面是一个高坡，有大块的硬石头和硬土。房子很简陋，水泥地面高低不平，墙上是砖块原本的深灰色，没有刷水泥。买淡水要去很远的集镇上，每次提着10公斤水回家，三毛都累得腰要断了似的疼，只好躺上床动也不敢动一下。

对于一个在城市中长大的女孩来说，昨天还穿着华丽的礼服听歌剧，今天却在这样一片荒漠中守望孤寂，她该是大哭一场，立刻坐飞机回家才对。可是三毛留了下来，和她的爱人荷西在这里白手起家。

他们用别人不要的棺材板做家具，去总督的花园里偷花，在坟场里买来无名艺术家雕刻的石像，一点一滴地完成了这个奇迹。

屋里屋外都漆成了白色。用空心砖铺在墙边，上面放上棺材板，再买两块厚厚的海绵垫子，一块竖放着靠在墙上，另一个就平放在棺材板上，盖上和窗帘一样的彩色条纹布。重重的色彩配上雪白的墙壁，分外地明朗美丽。

用旧的汽车轮胎，刷洗干净后放在席子上，里面填一块红色坐垫，像一个鸟巢，谁来了都抢着坐。换来的深绿色大水瓶，插一丛怒放的野地荆棘，有一种强烈痛苦的诗意。大小不同的汽水瓶，用油漆厚厚的涂上印第安人似的图案和色彩……

这个家，变成了沙漠里最美丽的房子，让所有人看了都惊叹，连记者们也千里迢迢地过来拜访拍照。面对他们的惊羡，三毛只是说："罗马不是一天造成的。"

三毛营造的不仅是一个家，她是在用自己善于创造美的双手小心呵护着自己的生活。

三毛是一个漂泊的人，她一生中去过很多国家和地区，无论在哪里安居，她都会把自己住的地方装饰成一个艺术品。流浪本身并不诗意，而且很辛苦，可是流浪的精神却是最潇洒的一种生活态度。

其实，只要心中没有烦恼，你就能看到盛开的鲜花，即使是沙漠也不例外。

别把时间花在烦恼上

事实上人们往往会跟自己作对，让种种不利的情绪来伤害自己。曾有位医生认为不应该把真相告诉癌症病人，因为他发现，至少有 70% 的病人是被吓死的，而只有 30% 的病人才是真正因为疾病而死去的。这听来有些不可思议。

在美国南北战争的最后几天里，格兰特将军生病了，当时格兰特围攻里奇蒙德已有 9 个月之久，李将军手下的士兵衣衫不整、饥饿不堪，有好几个兵团的人都开了小差。其余的人在他们的帐篷里祈祷——叫着、哭着，看到了种种幻象。眼看战争就要失败了，李将军手下的人放火烧了里奇蒙德的棉花和烟草仓库，也烧了兵工厂，然后在烈焰升腾的黑夜里弃城而逃。格兰特乘胜追击，从左右两侧和后方夹击南部联军，并由骑兵从正面截击，拆毁铁路线，俘获了运送补给的车辆。

由于剧烈头痛而眼睛半瞎的格兰特无法跟上队伍，就停在了一个农家。"我在那里过了一夜，"他在回忆录里写道，"把我的两脚泡在加了芥末的冷水里，还把芥末药膏贴在我的两个手腕和后颈上，希望第二天早上能复原。"

第二天清早，他果然复原了。可是使他复原的不是芥末药膏，而是一个带回李将军降书的骑兵。

"当那个军官到我面前时，"格兰特写道，"我的头痛得很厉害，可是我一看到那封信的内容，我就好了。"

显然，格兰特是因为忧虑、紧张和情绪上的不安才生病的。一旦他在情绪上恢复了自信，想到他的成就和胜利，病就马上好了。

朱自清先生在一篇散文中写道："洗手的时候，日子从水盆里过去；吃饭的时候，日子从饭碗里过去；默默时，便从凝然的双眼前过去。我觉察它去得匆匆了，伸出手遮挽时，它又从遮挽的手边过去；天黑时，我躺在床上，它便伶伶俐俐地从我身上跨过，从我的脚边飞去了。等我睁开眼和太阳再见，这又算溜走了一日。我掩着面叹息。但是新来的日子的影儿，又开始在叹息中闪过了。"

时间是无声的脚步，它不会因为我们的烦恼而多停留一秒，当时光匆匆

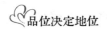

而过之后，我们再度回首就会发现，当初以为惊天动地的大事往往只是鸡毛蒜皮的小事。而我们却为之浪费了多少快乐的时光啊。

传说，所罗门王有一天晚上梦见了一位圣贤，圣贤告诉了他一句涵盖了全部人类智慧的话，这句话会让他在高兴的时候不至于忘乎所以，在忧伤的时候不至于消沉绝望。醒来之后，所罗门王却怎么也想不起来那句话是什么，于是召来大臣和学者们，让他们想想那句话会是什么。过了几天，大臣和学者们进献给所罗门王一枚戒指，在戒指上刻着一句简单的话。每当所罗门王喜悦兴奋的时候，看到手上的这枚戒指，他就会冷静下来；当他悲伤难过的时候，一看到手上的这枚戒指，他就很快地振作起来。戒指上的话让所罗门王一生勤勉，笑对人生。那句话说的是："这一切也都会过去。"

这一切也都会过去，什么样的痛苦和烦恼都有消逝的时候，不要被它们牵绊住耗费了自己宝贵的时间。

找到你的那棵苹果树

在生活中我们常常可以发现这样的事例：有的人很爱说："我真的是倒霉透了！""我穷得连饭都吃不上了！""今天天气真糟糕，我的心情也不好了。""唉哟，我丈夫一事无成，又懒又笨！"于是，说自己倒霉的人，似乎从来都没走运过；说自己穷的人，即使本来富裕，也会不知不觉横生祸端真变穷了；说心情差的人，果然天天沉郁忧愁，爱发脾气；对伴侣不满的人，也会发现自己的伴侣缺点越来越多，难以忍受……

这是什么道理呢？

因为我们的语言、行为可以影响我们的潜意识，就像谎言重复一千遍会变成真理一样，总是重复说自己很穷、不开心，潜意识里就会把这些当成是真的，于是反过来又影响我们的行为和身体机能，真的就让好运气和好心情离开了自己。

集权力、荣耀、富贵于一身的拿破仑曾说："在我的生命中，找不到六天快乐的日子。"这位从士兵成为皇帝的伟人，最终死在了流放的地方。

而又聋又哑又盲的海伦·凯勒，却满怀感恩之心，说："我发现人生是如此美妙！"她写了《假如给我三天光明》等 37 本书，鼓舞了无数年轻人。

我们不能选择自己的出身环境，但我们可以努力适应或者改变它；我们不能选择今天的天气，但是可以选择自己的心情。

圣人说："不以物喜，不以己悲。"只需放下心中的那一点执着，天地自然宽广。

有一位禅师，让弟子们到河的那边砍柴。弟子们走到河边，发现因为一场大雨，山洪冲垮了桥，根本没有办法过河去砍柴，他们只好垂头丧气地回到庙里。只有一个小和尚坦然面对禅师，他从怀里取出一个苹果献给禅师，说："过不了河，砍不了柴，不过我在路边看到一棵结满果实的苹果树，就摘了一个苹果。"后来，这位小和尚便继承了禅师的衣钵。

如果你在为自己没有鞋而苦恼，就想想那个没有腿的人。如果你为自己不能过河砍柴而烦恼，就转头看看身旁是否正有一棵果实累累的苹果树。

叔本华说："我们很少想我们所拥有的，却总是想自己缺失的。"正是因为如此，我们的生活才枷锁重重，潇洒不起来。

《不带钱去旅行》的作者麦克·英泰尔，原本只是个平凡的上班族，就在 37 岁那一年，他作了一项疯狂的决定。

他放弃了收入丰厚的记者工作，并将身上仅有的 3 美元捐给街角的流浪汉后，只带了干净的内衣裤，从阳光明媚的加州出发，以搭便车的方式走遍了整个美国。

然而，这个决定，竟是他在精神快崩溃时所作的仓促决定，而这趟旅程的目的地，则是美国东岸北卡罗来纳州的恐怖角。

一切缘起于某个午后，他莫名地哭了起来，因为他问了自己一个问题："如果有人通知我，今天就要死了，我会不会后悔？"

停顿了一会儿，英泰尔肯定地说："会！"

面对一直以来平顺的日子，他发现，生活中从来没有激起过丁点火花，甚至连一场小赌注都玩不起。

继续回想这30多年的时光，他又发现，因为个性懦弱，即使有机会做自己想做的事，却因为"害怕"两个字，而一再退缩。

不断地回想、反省，他懊恼地对自己说："什么都怕，活着能干什么？什么都听别人的，活着有什么意义？"

当他强烈质疑着自己的存在价值时，忽然鼓起勇气下定决心："我一定要突破这一切！"

一个什么事都担心、害怕、做事畏首畏尾的人，要独自来到传说中的恐怖角，确实需要很大的勇气与决心，特别是当亲友们还语带恐吓与嘲讽地说："你确定自己行吗？这一路你恐怕会遇到各种麻烦，你一定很快就会退缩。"

"不会的！"英泰尔对亲友们说，也向自己保证。

凭着一个冲动的决心和一份坚强的毅力，从来没有独立完成过一件事的英泰尔，真的成功了。他仰赖了82位从小到大最害怕面对的陌生人，完成了6000多千米的路程，终于抵达了目的地。

一毛钱也没有花的英泰尔，在成功抵达目的地时，立即对着那些等待他的人们说："我不是要证明：金钱无用，这项挑战最重要的意义是，我终于克服了心理的恐惧！"望着"恐怖角"的路标，英泰尔若有所悟地说："原来恐怖角一点也不恐怖，这就像我的恐惧一样，现在我终于明白了，过去自己实在太胆小怕事了。我现在知道，想在人生的旅途上寻找到生命的意义，就不能有太多的顾虑。如果凡事都不敢越雷池一步，那我会失去多少珍贵的体验啊。"

看到英泰尔曾经有过的担心和害怕，是否你也惊觉自己也曾经如此？

我们都希望自己可以潇洒地生活，希望梦想能够实现，更希望能拥有精彩的人生，然而，当我们准备迈出步伐时，难免会像英泰尔一般，犹豫不决，"万一失败了怎么办？万一出现问题，要怎么解决？"

步伐都还没有迈出去，心中就开始想象跌倒的姿势，当然只能在原地踏步，然后一再地懊恼机会的错失。

别再给自己那么多的恐吓，唯有亲自体验，我们才会明白英泰尔的体会，"原来，一切不是我想象中的那样困难。"

面前的大门关上了，我们就去打开那扇窗，眼前的路上泥泞难行，我们就走另一条路。人生，其实没有那么多的条条框框，束缚我们的都是我们自己制造的。

给你的咖啡杯里放一点幽默

如果把生活比喻成一杯黑咖啡，那么很少有人能静下心来品尝浓浓的苦味过后的甘醇。要是给咖啡里加点砂糖、牛奶，那么，这杯咖啡可能更为诱人，甚至你还可以用碎巧克力末和奶油在咖啡表面画上图案。其实，幽默便是那化苦为甜的砂糖，化沉闷为精致的奶油。

美国有个小镇治安与交通非常差。因为这个辖区比较偏僻，许多地方很容易成为管理的死角；至于交通方面，由于当地是货车公司的总站，许多大型货车的司机每天都在公路上驾车奔驰，在过度疲劳的情况下，交通事故就不断地发生了。

镇上的警察局长很能体谅下属的辛苦，也了解许多不得已的情况，但是上面的长官只看成绩，不管其他因素，即使他再努力，仍然不被上层肯定，所以尽管年资已够，仍然没有升迁的机会。因此他总是觉得很苦恼。

就在治安与交通问题困扰局长的同时，州政府颁布了一道命令，将这一季定为交通安全季，为了配合这个主题，举办了一场交通安全竞赛。

为了这件事，警察局长的压力顿时大增，每天都是满脸愁容。有一天，他心力交瘁地回到家里，将帽子随手一扔，便端着啤酒苦闷地坐在沙发里，孩子和老婆看见后也不敢吭声，纷纷躲回卧房里。

局长打开电视，电视正演出脱口秀，表演者说起话来不但妙趣横生，而且字字珠玑。看了一会儿，局长忍不住哈哈大笑，这一笑把心头的压力释放了不少。

看完脱口秀之后，局长躺在沙发里深思，忽然间，他的眼睛一亮，心中有了主意。

隔天，局长召集所有警察，开始积极地行动起来。

时间很快地过去了，州政府派人审查各镇的交通情况，包括交通阻塞情况、车流量控制、违规件数等等，当然最重要的，还是交通事故的发生率。当稽查人员到小镇审查时，都大吃一惊，没想到记录一向不好的小镇在这个季度里，居然连一次车祸的记录都没有。

为什么小镇的交通情况变化如此之大呢？原来，局长想出了一个好点子，他把公路上的所有警告牌都换了，而新牌子上面则写着："别这么急着到我们这里来，我们的床位不够了！医院启。""请开慢一点，我们已经忙不过来了！殡仪馆启。""请注意，如果你在前面拐弯处加速，可能直达天堂。"

　　来往的司机看到这些幽默的提醒，不知不觉就放慢了车速，小心开车。

　　没有人喜欢强硬的手段，一点点幽默远比严肃的警告更有作用。不仅如此，幽默有时也可以用来化解尴尬。

　　庄子是战国时代宋国人，是著名的思想家、文学家、哲学家。楚威王曾慕庄子的才华请他去楚国为官，派去请他的二位大夫说："吾王久闻先生贤名，欲以国事相累赘。深望先生欣然出山，以上为君王分忧，下为黎民谋福。"庄子淡然道："我听说楚国有一只神龟，被杀死时已经三千岁了。楚王把它放进竹箱，用锦缎覆盖，供奉在庙堂之上。请问二位大夫，神龟愿死后留骨而贵，还是宁愿活着在泥土中拖着尾巴游戏呢？"二位大夫说："自然是愿曳尾于泥土中啦。"庄子说："二位大夫请回吧，我也更愿意在泥土中曳尾而行啊。"

　　庄子的好朋友惠施在梁国当了宰相，庄子想去看望他，有人就向惠施挑拨说："庄子来是想取代你当宰相。"惠施很恐慌，派人在国中搜了三天三夜，也没有找到庄子。不久之后，庄子从容地来见他，说："南方有种叫凤凰的神鸟，它从南海飞到北海，不是梧桐的树不落，不是甘泉的水不饮。这时，有只猫头鹰正津津有味地吃着一只腐烂的老鼠，看见凤凰从头顶飞过，猫头鹰就急忙护住自己的腐鼠，生怕凤凰来抢。这是多么可笑。"他看了看惠施，笑道："怎么，你现在也要用你的梁国相位来吓唬我吗？"

　　惠施很是羞愧，诚恳地向庄子道歉，两个人和好如初。

　　被好朋友误会当然是很令人生气的，但是，如果庄子直接去斥问惠施的话，两个人的友谊可能就会从此破裂。而庄子巧妙地运用了自己的幽默感，用一个小故事来表达自己的不满，又给朋友留下了余地，这才使他和惠施的友谊得以继续。

　　幽默可以使烦恼的黑咖啡变成一杯香味浓郁的卡布其诺，让生活变得更加丰富多彩、滋味无穷。

虽然在生活中会有许多的不如意，可是保持乐观的态度，才能品味出生活这杯咖啡的甘醇。

让生命之水自然流淌

水在流淌时是不择道路的，即使不为它挖一条渠道，它也能自然地流出去。观水势，而知顺其自然的道理。

如果我们不顾忌太多，顺其自然，将所谓的"规则"都抛开，放开一点，潇洒一点，也许会品味出生活中的新滋味。

有这样一个故事：三伏天，禅院的草地枯黄了一大片。"快种点草籽吧！现在这样子好难看哪！"小和尚说。

"等天凉了。"师父挥挥手，"随时！"

中秋，天气渐凉，师父买了一包草籽，叫小和尚去播种。秋风起，草籽边撒边飘。"不好了！好多草籽都被吹飞了。"小和尚喊。

"没关系，吹走的多半是空的，撒下去也发不了芽。"师父说，"随性！"

撒完草籽，跟着就飞来几只小鸟啄食。"要命了！草籽都被鸟吃了！"小和尚急得跳脚。

"没关系！草籽多，吃不完！"师父说，"随遇！"

半夜一阵骤雨，一大早小和尚冲进禅房："师父！这下真完了！好多草籽被雨冲走了！"

"冲到哪儿，就在哪儿发芽！"师父说，"随缘！"

半个多月过去了，原本光秃的地面居然长出许多青翠的草苗，一些原来没播种的角落也泛出了绿意。小和尚高兴得直拍手。

师父点点头："随喜！"

其实，保持这种顺其自然的心态，寻求生命的平衡，生活就会变得美好，生命也会有质量。当然，这不是让你消极等待，听从命运的摆布，而是让你放弃攀比、嫉妒之心，找回心绪的清明与安宁，减轻思想的负担。

上帝交给保尔一个任务，让他牵着一只蜗牛去散步。可是蜗牛爬得实在是太慢了，无论保尔怎么吓唬、哄骗、责备，它都仍然慢悠悠地爬着。性急的保尔干脆抓起蜗牛，自己几步便走完了全程，回去向上帝交差。

上帝看了保尔一眼，让他回去重来，保尔只好重新带着蜗牛回去散步。这一次，他勉强耐住性子，让蜗牛慢慢地爬，自己则以一种近乎静止的速度跟在后面。过了一会儿，保尔突然闻到了花香，这时他才发现原来他们散步的地方是个花园。接着，他听见了鸟叫虫鸣，声音动听得像一曲轻音乐，微风拂过面颊，感觉十分舒适。后来，保尔还看见了美丽的夕阳、灿烂的晚霞，以及满天的星光！

保尔这才体会到，上帝不是让他牵着蜗牛散步，而是让蜗牛带着他散步。

有时候，我们免不了会钻牛角尖，怎么也摆脱不了抑郁的心情，似乎只有自己的头顶上阴云密布、电闪雷鸣。如果你可以看开一点，把视线从阴云上移开，关注一下路边的花草、拂面的微风、清脆的鸟鸣虫吟，抬起头的时候，就会发现，头顶早已万里无云，阳光灿烂。除了你自己，原来没有人可以让你生活得不快乐！

约翰是一个退伍士兵，战争使他成了跛子，这使他的生活过得格外苦闷。他酗酒度日，没有人愿意雇佣这样颓废的人。

直到有一天，杰克逊太太愿意在自己的商店给约翰一个位置，约翰十分感激她，也开始试着戒酒，让自己看起来更精神些。但是，约翰仍然对生活满腹牢骚，觉得自己被亏待了。

有一次下了一场大雨，路变得十分泥泞，有的人便从杰克逊太太的花圃里踩过去，她精心种植的花被踩倒了不少。约翰十分生气，就站在花圃旁边阻止人们从花圃里走过去，每个试图穿越花圃的人都遭到他的呵责斥骂。

但是有些顽皮的小孩故意从花圃里跑过，约翰腿脚不灵便，追赶不上，只能气得发出一连串的诅咒。

杰克逊太太看到了，只是笑了笑，请约翰帮她推了一小车煤渣回来，然后铺在泥泞的路上。这下不用约翰看守，也没有人再去践踏花圃了，他们都自在地从煤渣铺好的路上走过去，经过的时候还会赞美杰克逊太太种的花很漂亮。

约翰这才明白，有时候替别人付出一点，其实可以给自己带来更多的回报。他渐渐变得心平气和起来，学会不再浪费几个小时去为一些一年以后谁都想不起来的小事而烦恼。

因为杰克逊太太种的玫瑰花开得很好，有许多人来向她讨要几株移植在自己的花园里，杰克逊太太来者不拒，直到花圃里的玫瑰都被挖光了。约翰很心疼，就问杰克逊太太为什么不给自己留一些，杰克逊太太说："我的花圃里虽然没有玫瑰了，可它们正盛开在这个小镇的每个角落，我仍然可以欣赏到它们的美丽。"

一年之后，当约翰走在小镇中时，这里已经到处都盛开着玫瑰。小镇在它们的装点下美得如诗如画。

无论生活展现给你什么，是泥泞或是荒芜，都别忘了保持一颗平常心，放开一点，潇洒一点。你会发现，生命的拐角处，玫瑰正在怒放，有暗香袭来。闭上眼睛，静静地享受这片刻的芬芳吧，生命的滋味就在这其中。

第六章

不但有钱，还要有闲

在喧嚣的尘世中，在熙熙攘攘的人群中，人们总是脚步匆匆地追逐成功，忽略了自己的生活。事实上，人活着不只是为了追求成功，更是为了感受幸福。所以，我们应当为自己留下一点空闲时间去经营亲情、爱情，培养爱好，放松身心。只知道奋斗不懈，不懂得休闲，只会使幸福渐行渐远。

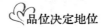

消遣爱好是人生最好的调味剂

美好人生不能只有工作，在认真工作、开拓事业的同时，还应当多培养几种兴趣爱好，这样你的生活才能更加丰富多彩。

如果一个人只懂工作，而没有娱乐爱好，那么他的生活将是不完整的。正如英国教育家斯宾塞所说："没有油画、雕塑、音乐、诗歌以及各种自然美所引起的情感，人生乐趣会失掉一半。"古往今来，事业成功者大多拥有多种娱乐性爱好。这些业余爱好是他们的另一片精神天地。

令人们尊敬和爱戴的领袖人物就是如此。孙中山爱好骑马、打球。毛泽东喜欢读书，酷爱游泳，还喜欢诗歌和书法，他的诗歌豪放深邃，气势非凡；他的书法刚劲洒脱，自成一体。陈毅元帅不但是著名的军事家、外交家，而且还是诗人、围棋爱好者。他的诗歌激情奔放，意蕴深远；他下围棋，善于谋略，高人一筹。

这些业余爱好伴随着他们的人生旅途，成为他们生活的组成部分，就是在最紧张、最艰苦的岁月也不曾放弃，充分展示了他们积极乐观的人生态度、个性风格和生活情趣，为人们所称道。

科学家也不像一般人想象的那样是整天待在图书馆和实验室里的工作狂，他们也有丰富多彩的业余文化娱乐生活。爱因斯坦爱好文学、音乐，而且造诣很深。居里夫人爱好旅行、游泳和骑自行车。巴甫洛夫喜欢读小说、划船、游泳、集邮、画画和种花。数学家苏步青爱好作诗、读古典文学、欣赏音乐、戏曲，还喜欢舞蹈、唱歌、画画、打乒乓球等。

而现代年轻人的业余爱好更加丰富多彩，充满情趣，他们像拓展事业那样，创造着愉快的生活。比如青年科学家李卫是多项国家科技奖、荣誉奖的获得者和两项冶金高新技术的专利发明人。他在科研领域成就很高，在工作之外的业余生活则绚丽多彩。他爱好郊游、游泳，他最喜欢的是打桥牌和集邮。他说："那绝对是一种享受，一种放松。"

因此，从某种意义上说，娱乐性爱好是一种创造情趣的生活方式，是愉快生活的重要组成部分。

另外，多姿多彩的业余爱好还可以有效地调节人们的工作、学习和生活的节奏。事实证明，事业性爱好与娱乐性爱好，紧张的工作与轻松的生活的和谐统一，可以使大脑和身体得到休息，进而换取最旺盛的工作精力。

在这方面我们有一个非常不错的例子：姚炳卿教授一直爱好文体活动，青年时期曾是学院乒乓球三连冠得主。随着年龄的增长，他的心脏病愈来愈严重，他有些着急。有一次，老伴陪他走进了舞场，那柔和轻松的音乐、和谐愉悦的氛围使他的身心顿感放松了许多。从此，他在工作之余喜欢上了跳舞。这样坚持几年后，他的病被驱走了，身体越来越好，连医生也感到吃惊。他这样将紧张的工作和娱乐活动恰当地交替进行，不断变换节奏，换取了工作的活力和灵感，促成学习、工作的高效率和创造性，在工作中大显身手，有6项科研成果获大奖。后来，他成了年轻人的交谊舞教练。对此他总结说："不仅要会工作，而且还要会娱乐，娱乐也能出工作效率。"

业余爱好最妙之处是可以为自己营造一份好心情。在紧张工作之后，业余爱好可以形成一种缓冲，使身心得到充分的放松和休息，在自己感到孤独寂寞的时候，业余爱好又是一个伙伴和知己，使生活变得充实而有益。

正因为娱乐性业余爱好是以"寻找快乐"为宗旨，所以没有心理压力，再加上内容有趣，心情愉快，自然使人进入最佳休息状态。在精神享受中陶冶性情、磨炼性格、开阔胸襟、增加知识，真可谓一举多得。

拥有几种高雅健康的业余爱好还有助于塑造自身多才多艺的形象，赢得赞誉，给人留下深刻的印象。令人瞩目的巴西球星苏格拉底，不但是足球明星，而且还有多种爱好。他会行医、绘画，同时还是一个歌手。他经常在舞台上露面，尤其在歌坛上成就非凡。灌录的唱片销售量达 1.5 万多张，在巴西和南美影响很大。而著名球王贝利从青年时代就开始对音乐产生浓厚兴趣，并学会了弹吉他。他那浑厚的男中音和细腻而不失奔放的自编自唱歌曲，曾在美国和巴西乐坛轰动一时。他们的这些具有文化艺术含量的业余爱好无疑强化了自身的形象，增加了他们作为球星的影响力。

健康的爱好不但能增加生活情趣，还能陶冶你的情操，当然，对即使是健康的爱好也不能太过沉迷，否则就会过犹不及。

张弛有度身心才会更健康

生活中，人们的眼睛往往只盯着排得满满的工作表，让自己忙碌得如同打转陀螺，而这实在不是健康的生活态度，只有懂得放松，生活才会更美好。

不停地奔波、拼命工作，却永无止境，如同奔跑在一条环形的跑道上——无论你怎样坚持，实际上却怎么也找不到起点，也永远没有终点。于是，人就不再成其为生活的人，已经变成了工作的机器——似乎只需要持续地工作就行了。

生活中，造成人们这种经常性精神紧张的原因，主要源于自身定力的缺乏。人们还不习惯松弛大脑，总是把注意力放在"下一步该做什么"上：进餐时，似乎忘记了口中佳肴的美味，却一味琢磨着"将会上什么甜点？"甜食端上餐桌后，又开始考虑"晚上该做什么？"晚上又思索周末的安排。

而下班后，当我们带着一身的疲惫回到家中，不是躺下休息片刻，陪家人聊聊天，而是立即打开电视查看股市信息；拿起话筒与人通话谈论第二天的工作安排；翻书开始阅读；或是开始打扫卫生……我们真的是害怕"浪费掉"哪怕只是一分钟的时间，我们似乎总是在为将来而生活，为幻想中的美好前景而生活。

但是，一个人如果弓弦总是绷得很紧，就会觉得日子平淡乏味，并且很容易产生"疲劳综合征"。因此，人生既需要努力拼搏，也需要善于休息和娱乐，学会享受生活，从而在平淡的日子里产生出一种不平淡的感觉。

美国东部的小镇上，人们的生活方式是这样的：他们很少有事"去做"，并会对你说："无事可做对你有好处！"你可能会认为主人是在跟你开玩笑，"我为什么要空耗时间，选择无聊呢？"但主人却很认真地告诉你。如果你能给自己分出一点闲暇，花上一个小时或短一点的时间什么事都不做不想，你将不会感到无聊与空虚，你会体会到生活的轻松愉悦。也许开始时你很不习惯——毕竟你是忙惯了的人，如同一个生活在大工业城市的人初到乡间时会对新鲜空气很不适应一样。但只要坚持做下去，就一定能体会到放松身心的好处。

其实，如果放慢脚步你就会发现在这个世界上，确实有许多美丽可爱之处值得我们发现和欣赏。北宋时期著名学者程颢在《春日偶成》诗中写道："云淡风轻近午天，傍花随柳过前川。时人不识余心乐，将谓偷闲学少年。"在云淡风轻、晴朗和煦的春天，正是接近中午时分，诗人信步走到了小河边、田野里、河岸边，一簇簇的野花沐浴着春日的阳光，灿烂盛放。河边的垂柳更是在春风里轻柔地摇摆着，这是多么美好的意境啊。旁人看到诗人这么悠闲，还以为诗人聊发了少年狂，像年轻人那样贪图玩乐呢！哪里知道诗人此时此刻心情的惬意恬静呢？此时此刻，春天大自然的明丽柔美，与诗人自得其乐的闲适心情，有机地融为一体。

当然，我们并不是想让大家学着偷懒，而是学会一种生活的艺术——忙里偷闲，享受生活。而要做到这一点，无需探寻任何技巧，而且随时随地都可以做到，只要允许自己偶尔忙里偷闲，无事可做，然后有意识地坐下来，停止手中的工作就可以了。

英国的一位知名经理人曾说过："当我脱下外套的时候。我的全部重担也就一起卸下来了。"我们要学会在日常的生活和工作中，善于脱下乏味和疲劳的外套。除了利用休假旅游和娱乐之外，在办公室里自我调节也有不少"脱外套"的方法：你可以望望窗外的景致，也可以体味一下大脑的思维和感受，一切顺其自然、不加控制即可。

还有一位大公司的总裁经常在工作紧张的空隙把房门紧闭，在办公室内跳椅子，美其名曰"室内跨栏"。大发明家爱迪生在枯燥的千百次实验中，常常用两三句诙谐的笑语逗得大家哈哈大笑，前仰后合。而林肯更胜一筹，他能在事态严重、大家精神紧张、面临很大压力的时候，用诙谐的语言或幽默的举动，将阴云密布的局面冲破，以使大家心理松弛、思想活跃，寻找出解决难题的最佳方案。

实际上，许多真正的成功者，都是忙里偷闲的行家里手，都是心态健康平和的人。他们或者每天至少抽十几分钟空闲进行沉思或神游，或者不时亲近一下大自然，再不然就躲进洗澡间舒舒服服地泡上半个小时，让自己放松下来。

一位医生举起手中的一杯水，然后问因劳累过度而住院的病人："你认为这杯水有多重？"病人回答说："大概 50 克左右。"

医生则说："这杯水的重量并不重要，重要的是你能拿多久？拿一分钟，你一定觉得没问题；拿一个小时，可能觉得手酸；拿一天，可能得叫救护车了。"

　　其实，这杯水的重量是一直未变的，但是你如果拿得越久，就觉得越沉重。这就像我们承担的压力一样。如果我们一直把压力放在身上，不管时间长短，到最后，我们都会觉得压力越来越沉重而无法承担。

　　"我们必须做的是，放下这杯水，休息一下后再拿起这杯水，如此，我们才能够拿得更久。"

　　美国哈佛大学校长在来北京大学访问时，曾经讲了一段自己的亲身经历。有一年，校长向学校请了 3 个月的假，然后告诉自己的家人："不要问我去什么地方，不要管我生活得怎样，我每个星期都会给家里打个电话，报个平安。"

　　校长只身一人，去了美国南部的农村，尝试着过另一种全新的生活。他完全抛弃了自己的身份，到农场去打工，去饭店刷盘子。在地里做工时，背着老板吸支烟，或和自己的工友偷偷说几句话。这些有趣的经历都让他有一种前所未有的愉悦。

　　最后，他在一家餐厅找到一份刷盘子的工作，干了几个小时后，老板把他叫来，跟他结账："没用的老头，你刷盘子太慢了。你被解雇了。"

　　"没用的老头"重新回到哈佛做校长。回到自己熟悉的工作环境后，他觉着以往再熟悉不过的东西都变得新鲜有趣起来，工作成为一种全新的享受。更重要的是，回到一种原始状态以后，就如同儿童眼中的世界，不自觉地清理了原来心中积攒多年的垃圾：他通过这种定期给自己的心理清污的方式，更好地享受到了工作和生活的乐趣。他的做法可谓别具一格。

　　其实，我们应当每天都安排好自我放松的时间。让身心得到休息，一般30 分钟即可，如心情过度紧张，可酌情延长。可以每隔一段时间和爱人讨论一下家务事，这种经常性的沟通不仅能增进夫妇感情，消除不必要的误会，也可以及时发现问题并妥善解决。休闲时多看喜剧，听听音乐，保持心情愉快。工作未完之前，不要给自己一再加码，因为工作超出自己能承担的限度，最容易让人心烦意乱，而适度的放松，工作起来才更轻松、更有成效。

冲得太快，生活可能会让你感到窒息，因此，你应当经常让自己放松一下，这样你的身心才会更健康。

你可以选择的休闲项目

人生新活法追求一种忘我的人生境界，因此完全可以通过全身心地投入于休闲活动，使自己进入"宠辱皆忘"的状态中。这里推荐 7 种休闲项目，你可以择"善"而行。

1. 保龄球：现在全国几乎所有的省会城市都有保龄球协会，你可以成为这里的会员。据说，我国已成为世界上最大的保龄球设备市场，正在使用的球道超过万条。保龄球在繁华喧嚣的都市中营造出集休闲、娱乐和运动于一体的优雅的室内活动，深受当代人的喜爱。与此同时，保龄球的竞技特色也符合中国人的口味。在玩球的时候，哪怕玩的水平不高，偶然性和运气也会使玩家掷出好球来，这种对好运的企望使得一次次的重复变得趣味盎然；从过程上讲，这好像是一种"运动麻将"。它融健身与娱乐于一体，亦庄亦谐，雅俗共赏。

2. 高尔夫球：这也许是一门贵族阶层的运动，但又没有人说它就属于贵族。况且说，谁是贵族，也不是天规就定的，我们任何人都可以成为高尔夫球场的一员。

20 年前我国高尔夫协会正式在北京成立，这是一家全国性的群众体育组织，是中华全国体育总会的团体会员。其职能是宣传、组织广大群众积极参加高尔夫球运动。

3. **读书**：读书也是零度生存理念所推荐的一种休闲方式。

书与人生血脉相连。书如茶，细细品味，可赏心悦目。书如药，不仅可医治愚昧，也可医治创伤，更主要的是心灵的创伤。像《论语》、《老子》这样的书，既是"保健品"，又是"镇定剂"，它不仅让你的身心不会恶俗，而且能让你从万马奔腾的俗状中解脱出来，重新回归理性。

在信息量极大丰富的这个时代，做一个"知道主义"者，已很不容易，要有资格站在演讲台上，聚焦众人的目光，就得去多读一些书。人是铁，饭是钢，书是药。许多成功人士都有读书的习惯，读书是我们增长知识、获取资讯的方法；也是战胜困难、猎取心绪宁静的途径。读书更是灵魂修炼的最好的方式。

4. **登山**：俗话说"仁者爱山"。山，以其高峻巍峨，成为人们洗心润肺的最佳去处，也是人强化体魄、锻炼意志的绿色载体。登山，可体验"山高月小"的旷达，可感受"会当凌绝顶，一览众山小"的超脱，也可进入"只缘身在此山中"的融会境界。在"2003 中国搜狐登山队"中就有深圳万科集团的董事长王石和搜狐总裁张朝阳参加。王石说："登山是我的爱好，是我选择的生活方式。"

登山，也是对生命极限的一种挑战。

5. **热衷时装秀**：这是当今最时髦的艺术欣赏活动。

时装表演起源和发展于商品推销，但现在已不完全都是商业行为，而变成了一种观赏性的服装表演活动，引导人们在服装服饰上追求美、表现美，普及服装文化知识，提高人们的审美能力和着装修养，充满了浓郁的文化色彩。时装秀在中产人士心目中，已经成为一种形象的文化——一种融个性与服装、化妆、造型、气质、风度为一体的形象文化。

时装表演不仅反映模特个人对美的感受，和服装设计师一样，他们的魅力是属于全世界的，时装设计是对现代生活方式的设计，它集中反映着时尚最前沿和最流行的审美潮流。所以，从一定意义上说，时装秀就是时尚生活方式的诠释。

6. 学画、写毛笔字：高雅愉悦。学画、写毛笔字是一种既高雅又怡情养性的活动。过去，琴棋书画是衡量一个人是否受过良好教育的标志。在当今工作学习生活节奏紧张的条件下，许多人常常抽出一些时间学画写字，并以此作为一种很好的休闲方式。

7. 策马轻驰：到草原上骑马是很多人最惬意的事情，每年绿草繁茂时候，你便可以唤朋携友，或与家人到坝上草原或去内蒙古等地方游玩。在天苍苍，野茫茫，风吹草低见牛羊的大草原上策马扬鞭，尽情驰骋，其意爽然，浪漫已极。

在休闲中提升生存的质量

休闲，不是"休而闲之"，休，是条件；闲，是形态。人生新活法主张利用这种条件丰富自己的心灵空间，让这个空间增加更多的属于自己的东西。但无可否认的是，我们身边的有些人，把休闲"过"瞎了，是休也未"休"，闲也未"闲"。我们常常可以看到，在一个期盼已久的长假之后，人们常常说的一句话是"真累"！这表明，这个假日并没有起到身心放松和调节的作用。从这个层面上说，休闲更能见证人的品位。如何用"闲"，关键不能把"闲"庸俗化，也不能把"休闲"当成无遮无拦的闲情逸致。西方发达国家普遍认识到"闲"在人的生命中有重要的价值，因此十分珍惜"闲暇时间"的合理支配与科学利用，并把"休闲教育"作为全体国民一门人生的必修课来对待，通过休闲教育获得休闲的"资格"，以使人能在休闲中得到一种修养的提升。

美国联邦教育局就将休闲教育列为青少年教育的一条"中心原则"，作为正确树立人生价值观的途径。这个中心原则是：提升个人生活质量的整体活动，提升休闲价值、态度和目的的认识。休闲教育的内容也很广泛，包括智力的、肢体的、审美的、心理的、社会经验的；创造性地表达观念、方法、色彩、声音和活动；主动参加各种公益活动的经验；野外生活经验；促进健康生活的身体娱乐；培养一种达到小憩、休息和松弛的平衡方法的经验和过程。近年来，还兴起了通过创造性的休闲方式来表达自己的追求与理念，从人文精神和人文追求的角度丰富闲暇时间的内涵与外延。比如参加志愿者活动、捐助活动、慈善活动、扶贫济困、社会救助、环保、爱动物、爱植物，鼓励人们把自我发展和承担社会责任联系在一起，用这样的行为方式营造充满温馨、友善、互助的休闲过程，使之成为一种新的社会与个人财富。

科学家曾结合人的这种休闲行为做了科学实验，结果表明：热衷于做有益于他人的事的人比其他人健康，生活在自然中的人比其他人健康，乐观的人比悲观的人健康，经常微笑或歌唱的人比其他人健康，从事志愿者服务的人比其他人健康，积极享受生活的人比被动应付生活的人健康，很少收看电视的人比经常收看电视的人健康。看来，聪明的休闲，也是获得健康的重要保障。所以，那些学会了既能享受工作，又能有价值地利用闲暇的人，才会感到生活是一个整体，才会感到生命的价值。"未来"不仅属于受过教育的人，更属于那些会休闲的人。

世界卫生组织把健康定义为"不但没有身体的缺陷和疾病，还要有完整的生理、心理状态和社会适应能力"，这就是休闲的方向：远离污浊，拒绝放纵，舒展身体，抚慰灵魂。

轻松是休闲的传神气质。所有的循规蹈矩和倦怠慵懒必将如九霄浮云随风而去。同样，所有的低级趣味都是对休闲的蒙羞与扭曲，或是认识上的浅薄。

休闲沉淀了浮躁、焦虑、犹疑……人们安详地享受沉淀后的从容：不急不躁、荣辱不惊，不放纵、不盲目。休闲需要从容，从容不是说缺乏魄力。溪水潺潺，终致鹅卵石的浑圆；春风无意，却悄悄地为满山遍野雕饰了新绿。从容化解所有生命之重，不再锱铢必较，不再耿耿于怀。休闲的空气，是醇香且淡雅的美酒，返璞归真是从容的知音，在从容的休闲里你会感到生活就是一首诗。

第七章

有品位的人不会过于计较得失

　　糊涂是一种智慧，也是一种境界。糊涂人不大计较别人的态度，不会徘徊于一得一失之间。糊涂人似乎有选择性"遗忘症"，他会很快忘记那些令人不快的人和事。所以，在他的周围似乎总是风轻云淡，少了诸多是非。糊涂一点，成了现代人享受生活的新途径。

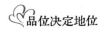

难得糊涂是人生佳境

现代人生活得越来越富裕，营养也越来越丰富，接触的信息更是五花八门，自认为智商也越来越高。无论是职场、官场还是生意场，人们都在经营、算计，谁也不糊涂，更不愿意糊涂，也不想被人认为糊涂。老话说"吃亏就是福"，早已被人当成垃圾，遗忘在角落里。谁肯吃亏？谁肯糊涂？精明、强悍被当作生存的第一法则。

"难得糊涂"四个字曾被写在扇面上、刻在镇纸上、塑在陶瓷上、画在龙飞凤舞的匾额上，成为一种带有漫不经心的戏谑的礼物辗转于人们的案头，但"糊涂"二字的真意却很少有人懂得，也没有多少人愿意去一探究竟了。

扬州八怪之一的郑板桥在潍县做礼宾司时题过几幅著名的匾额，其中最为脍炙人口的就是"难得糊涂"这一块。

据说，"难得糊涂"这四个字是郑板桥在山东莱州的云峰山写的。那一年郑板桥专程至此观郑文公碑，因盘桓至晚，不得已借宿于山间茅屋。屋主为一儒雅老翁，自号糊涂老人，出语不俗。老人室中陈列了一块方桌般大小的砚台，石质细腻，镂刻精良，让郑板桥大开眼界。老人请郑板桥题字以便刻于砚背。郑板桥便题写了"难得糊涂"四个字，用了"康熙秀才雍正举人乾隆进士"方印。

因砚台过大，尚有余地。郑板桥说老先生应写一段跋语，老人便写了"得美石难，得顽石尤难，由美石而转入顽石更难。美于中，顽于外，藏野人之庐，不入富贵之门也"。老人也用了一块方印，印上的字是"院试第一，乡试第二，殿试第二"。郑板桥知道老人是一位隐退的官员，细谈之下，颇为感慨。于是郑板桥在空隙处又补助写了一段："聪明难，糊涂尤难，由聪明转入糊涂更难，放一著，退一步，当下心安，非图后来福报也。"老人见了，会意地大笑不已。

对于郑板桥题下的"难得糊涂"四字，后人多有揣摩，猜测这是郑板桥的无奈自谑，是他的自我安慰，还是对腐败的清廷官场的妥协，凭借各自的体验与感悟，人们的揣测都各有道理。

但是，在复杂诡秘的社会形态面前，有些人往往觉得对生活很失望，认为生活充满阴郁和灰色，有的人同流合污、蝇营狗苟，有的人锱铢必较、愤世嫉俗，也有的人豁达大度、淡泊随缘。哪一种人的生活才快乐？无需过分追究就可知道，"难得糊涂"的人的生活才更为轻松自在，因为他们拿得起放得下，已步入大智慧的境界。

例如，在诸多开国将帅中，叶剑英元帅便堪称是"难得糊涂"的典范，立身处世的楷模。他学识渊博，雄才经纶，文武兼备，才华横溢，但他又大智若愚，虚怀若谷，不尚清变。在漫长的充满艰难的革命道路上，在复杂竞争的重大历史转折关头，他总是从容自若，机智果敢，屡树殊勋。叶元帅平常以淡泊为怀，以"打杂"者自居，从不汲汲于名利权位。"矢志共产宏图业，为花欣作落泥红。"这是他奋斗一生的最高信条，也是他为自己作的最后总结。而"诸葛一生唯谨慎，吕端大事不糊涂"，毛泽东生前送给他的这两句话可谓盖棺论定，诚哉善哉。

所谓"难得糊涂"是指在大事、原则问题上要非常明白；而在小事、非原则问题上应尽量糊涂一些，不要斤斤计较，这才是人生的佳境。

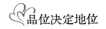

糊涂有时是一种善行

许多人都常说这样的话："现在的人真是自私啊。"然后，因为别人的"自私"，自己也就不得不"自私"，每个人都吝于向别人付出，也都拒绝别人的索取。别人接近的时候，会睁大眼睛，随时准备应战。如果碰到一个不"自私"的人，人们又会轻视他，觉得这个人糊里糊涂、做事没原则，是个傻瓜。

1848年，美国南部一个安静的小镇上，刺耳的枪声划破午后的沉寂，刚入警局不久的年轻助手杰克，随警长匆匆出动。

杰克发现一位年轻人倒在卧室地板上，身下一滩血迹，右手已无力地松开，手枪滚落在地，身边的遗书笔迹纷乱。镇上的人都知道这个年轻人最爱的女子在昨天与另一个男人走进了教堂。

死者的6位亲人都呆呆伫立着，杰克禁不住向他们投去同情的一瞥。他知道，他们的哀伤与绝望，不仅因为一个生命的陨灭，还因为对基督徒来说，自杀便是在上帝面前犯了罪，他的灵魂从此将在地狱里饱受烈焰的焚烧。而风气保守的小镇居民会视他们全家为异教徒，从此不会有好人家的男孩子约会他们的女儿们，也不会有良家女子肯接受他们的儿子们的戒指和玫瑰。

这时，一直沉默着、锁紧双眉的警长突然开了口："不，这是谋杀。"他弯下腰，在死者身上探摸许久，忽然转过头来，用威严的语调问："你们有谁看见他的银挂表吗？"

那块银挂表，镇上的每个人都认得，是那个女子送给年轻人的唯一信物，每个人都记得他是如何每5分钟便拿出来看一次时间。在阳光下挂表闪闪发光，仿佛一颗银色的、温柔的心。

所有的人都忙乱地说没有看到。

警长严肃地站起身："如果你们都没看到，那就一定是凶手拿走了，这是典型的谋财害命。"

死者的亲人们号啕大哭起来，仿佛那根压断脊背的稻草从他们身上取下了，而邻居们也开始上门表达他们的慰问与吊唁。警长充满信心地宣布："只要找到银表就可以找到凶手了。"

离开那户人家，外面阳光如蜜汁，风像薄荷酒，大草原上滚动的长草像燃烧着的绿色波浪。杰克对警长的明察秋毫钦佩到了无以复加的程度，他问："我们该从哪里开始找起呢？"

警长的嘴角多了一抹笑意，慢慢地从口袋里掏出了一块表。

杰克忍不住叫出声来："难道是……"

警长看着周围广阔的草原，微笑点头："幸好任何人都知道，要在大草原上寻找一个凶手和寻找一株毒草是一样困难的。"

"他明明是自杀，你为什么硬要说是谋杀呢？你让他的家人更加难过了。"

"但是他们不用担心他灵魂的去向，而他们在哭过之后，还可以像任何一个好基督徒一样清清白白地生活。"

"可是偷盗、说谎也是违背原则的呀。"

警长锐利的眼睛盯牢他："年轻人，请相信我，6个人的一生，比你信奉的原则更重要。而一句因为仁爱而说的谎，连上帝都会装着没有听见。"

那是杰克遇到的第一桩案子，也是他一生中最重要的一课。从此他明白，有时候，"糊涂"可以拯救别人的生活，那是连上帝也默许的善行。

没有人会谴责这样的善良，此时连上帝都会装糊涂。如果警长不"糊涂"，他秉持原则认真办案，那么只能宣布可怜的年轻人是自杀的，而那6名家人的一生将从此崩溃。当然，警长不会为此担负什么责任，因为他尽忠职守，只是做了自己该做的事，甚至按照一些人的"精明"理论，警长也无需去同情那6个人，害了他们的是那个在痛苦中选择自杀的年轻人。

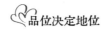

时至今日，善良和糊涂一样被人挂在嘴边却又抛诸脑后，东郭先生的故事被人记得最深刻，善良变成了邻居窗户上的贴纸，只是看着好看。似乎不征服就不能步入文明，至于在征服中被践踏的一切，通常人们都选择了漠视。

因为可以"明察秋毫"，糊涂亦无所遁形，但是良知也正离人远去着。

烦恼如杂草，只会越除越多

在佛教中有"烦恼薪"的说法，意思是说烦恼如薪烧的智慧火。烦恼一生，智慧就被消退了。只有心胸放宽，不让烦恼干扰自己，才会生活得轻松快乐。

看过《三国演义》的人都知道周瑜是怎么死的，诸葛亮三气周瑜的故事广为流传，常被用来比较周瑜与诸葛亮孰高孰低。单从这件事上来看，颇有儒将风范的周瑜的确是没有诸葛亮聪明，或者说他只有小聪明而无大智慧。

试想一下天下英才何其众多，不独独是诸葛亮，还有庞统、郭嘉等等，不可能是天下的智慧都长在你一个人的脑袋上啊，就算是被别人胜过几次又怎么样？笑到最后的才是胜利者，何必急火攻心大叫"既生瑜，何生亮"呢？

有一位智者，他教授了许多弟子，这些弟子都是满腹经纶才华出众，各以为自己是世上数一数二的聪明人。一天，智者把弟子们领到田野上，问道："你们看，田野里长着什么？"

"杂草。"众弟子不假思索地回答。

"告诉我，你们怎么做才能除掉这些杂草？"

众弟子愕然："这问题也太简单了。"

甲首先开口："用锄头把它们铲除就可以了。"

乙说："不如用火烧，又快又方便。"

丙不以为然："要想它永不再生，得往深挖才行。"

……

等弟子们七嘴八舌说完了，智者说："你们就按照各自的方法来除一片杂草，一年后我们再在这里继续这堂课。"说完智者就离开了。

弟子们各展本领清除杂草。但是，一年之后当他们重新在此相聚时，却发现田野里的杂草依然茂盛如初，不由得都很苦恼。

智者平静地说："你们的办法是不能把杂草除净的，因为杂草的生命力很强。除掉杂草最好的办法，是在上面种上庄稼。你们有没有想过，你们的心灵也是一片田野。"

的确，我们的心灵一如田野，生长着无数欲望和烦恼的杂草。想把这些杂草清除干净是不太可能的，除非我们种上"庄稼"。

阿拉伯著名作家阿里，有一次和吉伯、马沙两位朋友一起旅行。当三个人途经山谷时，马沙失足滑落，幸好吉伯拼命拉他，才把他救起。马沙于是在岩石上刻下："某年某月某日，吉伯救了马沙一命。"过了几天，经过一条河的时候，吉伯和马沙因为一件小事争吵起来，吉伯一气之下打了马沙一个耳光。马沙就在沙滩上写下："某年某月某日，吉伯打了马沙一个耳光。"

后来，阿里好奇地问马沙，为什么要把吉伯救他的事刻在岩石上，而把吉伯打他的事写在沙滩上？马沙说："我永远都感谢吉伯救了我，至于他打我的事，我会随着沙滩上的字迹消失，而忘得一干二净。"

或许有人会说马沙是个傻瓜，怎么能单记得别人对他的好而不记得别人对他的不好呢？然而马沙的这一"记"一"忘"却是为人处世的良方，是享受生活的基石。

糊涂一点，忘记一点，烦恼尽可随风而去，安详自在的生活自然悠长静谧。这"遗忘"是上天赐给我们的珍贵礼物。

忘记昨天在公交车上售票员的不礼貌，忘记上周同事向老板打自己小报告，忘记上个月和朋友因为小事引起的争吵，忘记今天早晨和爱人因为口角发生的不愉快……遗忘自然不那么容易，或许你一看见公交车的站牌就会想起那个傲慢无礼的售票员，或许你一看到那个爱背后拍"马"的同事就忍不住瞪他一眼。但是，如果你连"想要遗忘"的意愿都没有，那么这些烦恼就会始终围绕着你。

糊涂一点，单纯一点，才不会被无谓的事干扰分心，才能全力以赴追求自己想要的生活。事实上，当你多年以后重新回头审视的时候，会惊讶地发现当初令你烦恼的那些事是多么地微不足道，而你因此而错过的又是多么可惜。

一句瑞典格言说："我们老得太快，却聪明得太迟。"对于那些"聪明"人来说，这句话完全就是个谬误，但是，我们还是应该记住，有时糊涂一点会让你比大多数人都更"聪明"。

糊涂自有糊涂福

糊涂是明哲的处世态度，糊涂是种福气，在这里，糊涂代表着大智慧。所谓"大智若愚"，真正的智慧是"糊涂透顶"的。

《红楼梦》里的凤辣子王熙凤可谓是个精明人了，奉承得老祖宗拿她当心肝宝贝，哄得大观园里的众姐妹也喜爱她，又将偌大的家族管理得井井有条。她一点亏也不肯吃，管理整个家族劳心劳力，当然要雁过拔毛给自己留点私房钱；被贾瑞轻薄调戏，就设下连环计让他死无葬身之地；贾蓉父子和丈夫贾琏沆瀣一气，背着她娶了尤二姐，她就闹到贾蓉家里去，连尤氏也一并扯进来大骂，哭闹羞辱罢了还要诈些银子回去……就是这样精明能干的凤姐，她在贾府的生活快乐吗？处处精心算计，累得自己一年倒有半年病，得罪了不少人，连丈夫的心也留不住，最后只落得个"一从二令三人木"的凄惨下场，正应了那句话，"机关算尽太聪明，反误了卿卿性命"。

不只凡夫俗子看不透"糊涂"的妙处，一些贤人雅士也常在这个问题上犯错误。

屈原大夫不懂得"糊涂"之道，感叹"举世皆浊我独清，众人皆醉我独醒"，最后只能怒投汨罗江。如果他肯听从渔夫的劝导："世人皆浊，何不淈其泥而扬其波？众人皆醉，何不皆其糟而醉？何故深思高举，自令放为？"如果屈原审时度势糊涂一点，不坚持独善其身，那么他还会沉尸江底吗？

因此，聪明人为人处事要"糊涂"一点，"糊涂"才能成大事。

第二次世界大战中，美国小罗奇福特领导的一个小组，于中途岛之战前成功地破译了日本人的密码，得到了日军海上作战部署的确切情报，并有针对性地进行了作战准备。

谁知，就在这个节骨眼上，一个嗅觉灵敏的新闻记者得到了这一绝密情报，竟然不知天高地厚作为独家新闻在芝加哥一家报纸上给捅了出来。这样一来，随时都可能引起日本人的警觉而更换密码和调整作战部署。

发生了如此严重泄露国家战时情报的事件，作为美国战时总统的罗斯福却对此置若罔闻，既没有责成追查，也没有兴师问罪，更没有因此而调整军事部署，而是装作一概不知的糊涂样子。结果事情反而大事化无了，就像什么事也没发生一样，根本没有引起日本情报部门的重视。在不久之后的中途岛战役中，美军靠"糊涂"得到了大便宜。

如果当时罗斯福总统对此事较真，追查是谁将军事机密泄露给记者的，那势必会兴师动众，引起日本情报部门的警觉，那么之前的准备也就白费了。但正是罗斯福总统聪明地选择了"装糊涂"，那则新闻反而更像是毫无根据的臆测，让人看过即忘，完全不相信它的真实性。

罗斯福总统的糊涂真可谓是不动声色、掌控全局的大智慧了。真可谓"糊涂自有糊涂福"。

世上本无事，庸人自扰之

世上不如意事十之八九，十之八九中又有十之七八是庸人自扰。有的人聪明太过，却偏偏能把简单变得复杂，把无事变为有事，这些人往往是在用自己的标准衡量一切。其实有很多事，如果睁一只眼闭一只眼，根本不把它看得有多么严重的话，那它也就根本不会成为问题。

炎热的夏天，校长把学生们带到海边去玩，他自己站在水深处，规定学生以他为界，只准在水浅的地方玩。

孩子们都乐疯了，连最胆小的也下了水，终于，大家都玩得尽兴了，这才纷纷上岸。这时，发生了一件事，把校长吓得目瞪口呆。

原来，那些一、二年级的小女孩上了岸，觉得衣服湿了不舒服，就当众把衣裤都脱了，站在那里拧起水来。

校长第一个冲动就是想过去喝止，但凭着一个教育者的直觉，他等了几秒钟。然后，他发现四下里其实并没有人大惊小怪。高年级的学生也没有向她们投来异样的眼光，傻傻的小男生们也不知道他们的女同学不够淑女，只顾着追逐打闹，海滩上一片天真快乐。小女孩们所做的事不曾干扰到任何人，她们很快拧干了衣服，重新穿上——像船过水无痕，什么麻烦都没留下。

　　不难想象，如果当时校长一声吼骂，会给那个快乐的海滩带来多么尴尬的阴影。那些小女孩会永远记得自己当众丢了丑，而大孩子们便学会鄙视别人的"无行"，并为自己的"有行"沾沾自喜。

　　有些事本无所谓是非，唯有看在是非人眼里才成了是非。校长在关键时刻选择了装糊涂，呵护了学生们的纯真与快乐。

　　曾有两个兄弟，合伙在某地开办制衣厂。兄弟俩苦苦经营了 10 年，厂子渐渐有了起色，财源滚滚而来。然而，弟媳却开始怀疑大伯多占了便宜，兄嫂也开始怀疑小叔子暗中吞了钱财，不久，两兄弟就闹了起来，互相争权争钱，谁都无心再去管理工厂了。市场经济是无情的，在他们闹分家的时候，工厂的业务都被竞争对手抢去了，不久便关门大吉，兄弟俩两败俱伤。

　　人们往往是可以共患难而不能共富贵，究其原因，是金钱在捣鬼吗？不是的，真正作怪的是人们对于金钱的贪婪，谁都想多得一些，都怕自己吃亏。但是这样计较一时得失，反而鸡飞蛋打，一无所获，做事眼光要放长远，心胸要宽广，大度待人公道处事，宁可糊涂一点也不要小肚鸡肠。

　　糊涂是一种大"聪明"

　　常常会有人把糊涂看做是愚蠢、笨拙、昏庸，这是错解了糊涂的真意。糊涂是一种大度宽容的气度，是以和为贵的处世原则，还是大智慧者若隐实存决胜千里的不二之法。

　　清朝时，在广东省有位人称"癫梅"的知县，百姓都说他是个糊涂县官。

　　有一个人在外做生意，好几年没有回家了，这一次带着辛苦赚来的五百多两银子回来，因为走夜路怕不安全，他就把银子埋在离家 10 里外的一株大榕树下。摸着黑回到家里，他发现院门紧锁，拍了半天门老婆才来给他开，进来后他顺手插上了院门。和妻子细述了一番相思之苦，这个人又高兴地告诉妻子："我把赚来的银子埋在十里坡的榕树下了，有五百多两呢，明天我去挖出来。我要盖新房，给你和儿子买新衣服。"

妻子闻言只是一笑，催他快点睡觉。

第二天这个人一早便去了十里坡，但是发现埋在树下的银子却不见了，他大惊失色，开始还以为是自己记错了地方，但仔细查找了半天也没看见银子在哪里。银子一定是被人偷了！这个人万分沮丧，也不敢回家怕挨老婆的骂，只好跑到癫梅知县那里告状。

癫梅知县听完他的话，捻着胡子问道："你儿子多大了？"

这个人说："4岁多了，是我走之前生的。"

"你昨晚到家的时候，你的妻子对你是什么反应？"

"很平静，有点淡淡的。"

癫梅知县又问："你离家后，家中就只有你妻子和孩子在家吗？"

"是的，我父母早已过世，家中只有我老婆和儿子两个人。"

癫梅知县想了想，再问道："你说你昨晚插了院门，那今早出门的时候院门还插着吗？"

这人摇头道："不，今早我出去的时候，发现院门是虚掩的。奇怪，我明明记得我是插了门的。"

癫梅知县突然一拍惊堂木，大声道："你把银子埋在树下，竟然不见了，这肯定和那棵大榕树脱不了干系！来人哪，去把那棵树带回来，老爷要审问！"

众衙役只好扛了斧头去砍树，癫梅知县又告诉那个满头雾水的人道："你回家去把儿子带来看本老爷审案，但是不许告诉你妻子丢了银子的事，否则重打二十大板。"

这个人只好回家去接儿子，妻子问他怎么没拿银子回来，他也无言可对。妻子以为他是吹牛，就半嘲半骂地说了他一顿。当他抱着儿子回到县衙时，衙役们已经将伐下的大树放在了县衙门口，癫梅知县要审树的消息传遍了全县，很多人都来看热闹。有的人还说："癫梅知县又发癫了！"

癫梅知县抱着那个孩子站在树旁边，然后让看热闹的人一个接一个地从树旁走过，众人不解其意，只好依言照办，当一个青年男子走过时，小孩突然伸手要他抱，口中叫道："叔叔。"那个人装没听见，想要过去，但癫梅知县拦住了他，道："你认识这个孩子？"

那人连忙摇头。

癫梅知县指着他问孩子："这人是谁呀？"

小孩说："叔叔。"

癫梅知县问："叔叔喜欢你吗？"

"喜欢。"

"叔叔喜欢你娘吗？"

"喜欢。"

癫梅知县立刻吩咐左右将那个人抓起来，然后厉声道："你昨晚藏在人家家里，偷听到失主说将银子埋于树下的事，就趁他们睡着后打开院门赶到十里坡，将银子据为己有。还不从实招来，说出银子的下落？"

那个人脸色惨白，只得俯首认罪。

原来癫梅知县听了失主的描述后，就判断出一定是失主的妻子在他不在的这几年与别人勾搭成奸，失主回来的时候奸夫应该还没离开，那个奸夫偷听了他们的谈话所以去偷了银子。但是癫梅知县不想打草惊蛇，于是用审树这件事吸引百姓都来看热闹，再利用小孩的天真找出谁是奸夫，这才一举破案。

至于奸夫是如何与那人妻子勾搭成奸的，为了维护失主的脸面，癫梅知县就略过不问了。

这位癫梅知县真可谓是大智若愚的典范，堂审就能抓住罪犯，又能体贴地顾及失主的自尊心，的确是懂得糊涂的真谛。

人不能太精明，尤其是有一官半职的人，更需要糊涂一点，对于手下要取大节而宥小过，这样手下人才会为之尽力。战国时期发生过这样一个故事：楚庄王大宴群臣，特意把宠爱的美人也叫出来跳舞助兴，还让美人为大家斟酒以示敬重。酒过三巡，众人都已有几分醉意，这时烛火突然熄灭，黑暗之中，有人趁机抱住了美人。美人用尽全力才挣脱，并顺手扯断了那人帽子上的佩缨，跑到楚庄王身边告状。

这时只要点灯，看看是谁的帽缨断了，就知道是谁无礼。可是楚庄王却下令让众人都扯断帽缨，以示尽兴，然后才命人点亮灯火。众人都喝得尽兴而归。

后来，楚国攻打郑国，开始时战局不利，楚庄王被困。这时一员大将奋力杀出，用身体挡在楚庄王前面保护他。他拼杀起来全然不顾个人安危，连取敌人首级。这一仗楚国大获全胜。楚庄王要嘉奖那个勇猛的将领，那人跪下来说："小人就是当日被美人拉断帽缨的人，大王不追究小人的轻薄无礼，还顾全了小人的脸面。那么，小人又怎么会不舍命来报答大王的恩德呢？"

楚庄王装糊涂，赢得了臣子的忠心回报。用一个小糊涂换回一员猛将，简直就是一本万利啊！

所以要奉劝一点亏也不肯吃的"聪明"人，学学癫梅知县揣着明白装糊涂，学学楚庄王得饶人处且饶人，相信退让一步自然海阔天空。

糊涂绝不是昏庸

有的人自以为深谙糊涂之真谛，他们从古训或现实的教训中得出这样的结论："直如弦，死道边；曲如钩，反封侯。"觉得只要保住了自己的乌纱帽，鼓起自己的小金库，那么什么事情都可以"糊里糊涂"。

其实所谓"糊涂"，强调的是看得开、放得下，也是处世的一种技巧，而不是是非不分、黑白不明。

当初郑板桥虽然写下了"难得糊涂"四个大字，但他的一生却是很不含糊的。郑板桥一生刚正不阿，倔强正直，遇事认真，绝不含糊。他自称"板桥诗父，自出己意，理必归于圣贤，文必切于时用"，不以俯仰别人鼻息求生存，不以窥视别人眼目来行事。他虽然早年困顿，到 45 岁才中进士，仅授七品县令，但却不怕得罪权贵，宁肯丢官卖画维持生计，也不贪恋官位以苟安自保。郑板桥心系百姓"一枝一叶总归情"，不做"逐光景，慕颜色，嗟穷困，伤老大"的世间过客，他对社稷民生、国家大事从不"糊里糊涂"，绝不随波逐流。

这不是说郑板桥不会装糊涂，而是他在事关原则的问题上不肯装糊涂，如果他也像别人一样对权贵阿谀奉承，对他们做的坏事睁一只眼闭一只眼，那么当然可以尽享荣华富贵，可是后人还会对他超凡高洁的品格赞赏有加吗？

有这样一个笑话：一个衙役奉命押送一名犯了法的和尚去某地流放，他怕有闪失，每天上路前都检查一遍自己带的东西是否齐备，并编成一句顺口溜："包裹雨伞公文和尚我。"一天晚上落脚在客栈，衙役喝得酩酊大醉，和尚趁机偷了钥匙打开枷锁，剃光了衙役的头发，然后就逃走了。第二天醒来，衙役又念着顺口溜检查装备："包裹雨伞和尚……咦？和尚呢？"突然他摸了摸光秃秃的脑袋，点头笑道："原来和尚在这里。那么，我呢？我又在哪里？"

这个糊涂衙役连自己都找不到了，这自然不是郑板桥所说的"难得糊涂"的那个"糊涂"，不过，若人能糊涂至此，那还真的挺难的。在历史上，倒真还有和这个衙役差不多的糊涂蛋，他就是秦二世胡亥。

赵高与李斯为扶植胡亥继承秦始皇的帝位，伪造秦始皇的书信逼扶苏公子自杀，又关押了大将蒙恬，将胡亥黄袍加身送上了龙椅。

胡亥窃居帝位之年，刚满21岁，他的理想就是："一个人活在世间，就像骏马跑过一个小空隙那么短暂，我既然已经君临天下，就打算尽情欢乐，享受人生。"因此，他继位之后就听从赵高的"劝告"，为了显示自己的尊贵绝不天天上朝，鸡毛蒜皮的小事都交给赵高处理，自己只管处理重大事件和纵情享乐。

奇怪的是，自从赵高执权后，大秦帝国就没发生过一件大事——包括陈胜吴广起义，包括项羽大破秦国正规的中央军队，统统都只是"鸡毛蒜皮"的小事。当李斯去劝胡亥的时候，胡亥却责问他："你的同学韩非子过去说过，古代的君主都十分勤劳辛苦，可是我要问你，难道做君主管理天下就是为了受苦受累吗？这不过是他们无能才造成的，圣明的君主治理天下，就是像我这样，要让天下适应自己，如果连自己都不能满足，那如何使天下满足呢？我就想随心所欲，而且还要永远统治天下，你李斯有什么办法呢？"

李斯被这番胡搅蛮缠的混话惊得目瞪口呆，而胡亥已将玉体横陈的宫女搂在怀里玩乐去了。

后来，赵高要杀掉胡亥，胡亥责怪身边的小太监不早点提醒自己，他还妄想和赵高派来杀他的人讨价还价，问："不让我当皇帝，那能否让我当个郡王呢？要不当个万户侯？实在不行，就让我做个平头百姓吧。"显然还是不行，赵高就是想要他的脑袋，这个昏庸糊涂皇帝只得无奈地自杀了。

这样的糊涂不是糊涂，这是昏庸，只能让后人耻笑。相比之下，越王勾践卧薪尝胆所表现出的隐忍可就是若隐实存、匿强显弱的最高境界了。

第八章

追求品位不能忽略细节

通常情况下，品位所衡量的是一个人整体的行为表现。但是，需要注意的是，这个"整体的表现"并不是简单地从一件事或一个动作中就可以提炼出来的。就像一座大楼必须用一砖一瓦一步步地盖起来一样，品位也是许多个零零碎碎的细节表现汇总而来，并小中见大，每一个小细节都是品位问题重要的、不可或缺的组成部分。小细节上的缺憾和不足往往是品位的致命伤。

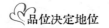

不良的说话习惯令人心生厌烦

　　许多人在与人交谈的时候，常伴有一系列长时间以来养成的小习惯，而这些不经意间的小细节恰恰是自身品位的致命伤。

　　一是使用鼻音说话。这是一种常见且影响极坏的缺点，当你使用鼻腔说话时，你就会发出鼻音。如果你使用大拇指和食指捏住鼻子，你所发出的声音就是一种鼻音。

　　如果你使用鼻音说话，当你第一次与人见面时，就不可能吸引他人的注意。你的话让人听起来像在抱怨、毫无生气、十分消极。不过，如果你说话时嘴巴张得不够，声音也会从鼻腔而出。当你说话时，上下齿之间最好保持半寸的距离。鼻音对于女人的伤害比对男人更大，你不可能见到一位不断发出鼻音，却显得迷人的女子。如果你期望自己在他人面前具有极大的说服力，或者令人心迷神移，那么你最好不要使用鼻音，而应使用胸腔发音。

　　二是有口头禅。在我们平常与人讲话或听人讲话之时，经常可以听到"那个、你知道、他说、我说"之类的词语，如果你在说话中反复不断地使用这些词语，那就是口头禅。口头禅的种类繁多，即使是一些伟大的政治家在电视访谈中也会出现这种毛病。

　　有时，我们在谈话中还可以听到不断有"啊"、"呃"等声音，这也会变成一种口头禅，请记住奥利佛·霍姆斯的忠告——切勿在谈话中散布那些可怕的"呃"音。如果你有录音机，不妨将自己打电话时的声音录下来。听听自己是否出现这一毛病。一旦弄清自己的毛病，那么在以后与人讲话的过程中就要时时提醒自己注意这一点，当你发现他人使用口头禅时，你会感到这些词语是多么令人烦躁，多么单调乏味。

三是小动作过多。检查一下自己，你是否在说话途中不停地出现以下动作：坐立不安、蹙眉、扬眉、扭鼻、歪嘴、拉耳朵、扯下巴、搔头发、转动铅笔、拉领带、弄指头、摇腿等。这些都是一些影响你说话效果的不良因素。当你说话时，听众就会被你的这些动作所吸引，他们会看着你的这些可笑的动作，根本不可能认真听你讲话。

有一位公司老板，当他做公共讲话时，总是让自己的秘书与观众站在一起，如果他的手势太多，秘书就会将一支铅笔夹在耳朵上，以示提醒。当然我们不可能人人做到如此，但在你讲话时，完全可以自我提示，一旦意识到自己出现这些多余的动作，赶紧改正。

四是你的眼神心不在焉。当你与别人握手致意时，你们便彼此建立了一种身体的接触。眼神的交汇作用也同样重要，通过相互传递一种眼神，你们便可以建立一种人际关系。

眼神不仅可以向他人传递信息，你也可以从他人的眼神中接收到某些信息。你似乎听到他们在说：

"真有意思！"

"真令人讨厌。"

"我明白了。"

"我被你给弄糊涂了。"

"我准备结束了。"

"我十分乐意听你讲话。"

"我不想和你讲话。"

……

当你说话的时候，你的眼睛也是否在说话？或者你故意回避他人的视线，而不敢与人相对而视，因为那会令你觉得不适。你是否会边说边将眼睛盯在天花板上？你是否低头看着自己的双脚？你看到的是一簇簇的人群，还是一个个的人？总之，再没有比避开他人视线更易失去听众了。

我们要提升自己的品位，提高自己的地位，当务之急就是要有一个好人缘，让更多的人接受你、欢迎你。要做到这一点，从现在开始就必须把那些令人心生厌烦的说话习惯统统改掉。

批评和指责也要注意品位

当面批评和指责别人，这会造成对方下意识地顽强的反抗；而巧妙地暗示对方注意自己的错误，不仅彰显出自己做人的品位和修养，更会使对方真诚地改正错误。

华纳梅克每天都到费城他的大商店去巡视一遍。有一次，他看见一名顾客站在柜台前等待，没有一个售货员对她稍加注意。那些售货员在柜台远处的另一头挤成一堆，彼此又说又笑。华纳梅克不说一句话，他默默站到柜台后面，亲自招呼那位女顾客，然后把货品交给售货员包装，接着他就走开了。这件事让售货员感触颇深，他们及时改正了服务态度。

官们常被批评不接待民众。他们非常忙碌，但有时候，是由于助理们过度保护他的主管，为了不使主管见太多的访客，造成负担。卡尔·兰福特在佛罗里达州奥兰多布当了许多年的市长，他时常告诫他的部属，要让民众来见他。他宣称施行"开门政策"。然而，他所在社区的民众来拜访他时，都被他的秘书和行政官员挡在门外了。

这位市长知道这件事后，为了解决这个问题，他把办公室的大门给拆了。这位市长真正做到了"行政公开"。

若要不惹火人而改变他，只要换一种方式，就会产生不同的结果。

确实，那些直接的批评会令人非常愤怒，间接地让他们去面对自己的错误，会有非常神奇的效果。玛姬·杰各提到她如何使得一群懒惰的建筑工人，在帮她盖房子之后清理干净现场。

最初几天，当杰各太太下班回家之后，发现满院子都是锯木屑子。她不想去跟工人们抗议，因为他们工程做得很好。所以，等工人走了之后，她跟孩子们把这些碎木块捡起来，并整整齐齐地堆放在屋角。次日早晨，她把领班叫到旁边说："我很高兴昨天晚上草地上这么干净，又没有冒犯到邻居。"从那天起，工人每天都把木屑捡起来堆好放在一边，领班也每天都来看看草地的状况。

在后备军和正规军训练人员之间，最大不同的地方就是头发，后备军人认为他们是老百姓，因此非常痛恨把他们的头发剪短。

陆军第542分校的士官长哈雷·凯塞，当他带领了一群后备军官时，他要求自己解决这个问题，跟以前正规军的士官长一样，他可以向他的部队吼几声或威胁他们。但他不想直接说出他要说的话。

他开始讲话："各位先生们，你们都是领导者。你必须为尊重你的人做个榜样。你们该了解军队对理发的规定。我现在也要去理发，而它却比某些人的头发要短得多了。你们可以对着镜子看看，你要做个榜样的话，是不是需要理发了，我们会帮你安排时间到营区理发部理发。"

结果是可以预料的，有几个人自愿到镜子前看了看，然后下午就到理发部去按规定理发。次日清晨，凯塞士官长讲评时说，他已经看到，在队伍中有些人已具备了领导者的品位和修养。

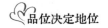

有品位的人善于"请教"

真正有品位的人从不会把自己的想法和建议生硬地强加给别人，他们更善于用"请教"的方式提出来。特别是作为一个下属，在给上司提出意见和建议的时候，切忌咄咄逼人，以请教的方式更有利于让领导认可你和你的建议。

注意提建议的方式方法，就是要时刻注意领导的心理感受和变化轨迹，就是要求下属在提出建议的时候首先要获得领导的心理认同。

请教，是一种品位和修养。它的潜在含义是，尊重领导的权威，承认领导的优越性。这表明，下属在提出意见之前，已仔细地研究和推敲了领导的方案和计划，是以认真、科学的态度来对待领导的思想的。因而，下属的建议应该是在尊重领导自己的观点基础之上的，很可能是对领导观点的有益补充。这种印象无疑会使领导感到情绪放松，从而降低对你建议的某种敌意。

我们每个人都是很有这样的体会的：当你还是个高中生的时候，你会遇到初中的小弟弟、小妹妹向你请教各种问题，充满敬仰地要求你谈谈自己的学习方法，等等。这时，无论你多么不高兴，多么忙，你都会带着一丝骄傲解答他们每一个稚嫩的问题，并从他们的目光中得到某种心理满足。如果我们能静下心来仔细分析这样的经历，我们会发现，成就感是多么早又是多么牢固地根植于我们每个人的心灵深处。别人向我们求教，这就表明自己在某些方面是具有优越性的，如果说我们受到了崇拜，这大概有点儿过分，但说我们至少受到了重视、具备了一定的影响力，却是一点儿也不假。在被别人请教时我们心中涌起的愉悦感和自豪感往往是并不能为我们自己所清醒意识到的，但它却主宰着我们的情感，甚至是我们的理智。每一个健康的、心智正常的人都会对这种感受乐此不疲，即使是领导也不例外。

请教的姿态，不仅仅是形式上的，更有内容上的意义。这样，你可以亲自聆听领导在这方面的想法，这种想法在很多时候是他真实意志的浮现，而他却并未在公开场合予以说明，而且很有可能是下属在考虑问题时所忽略了的重要方面。这样，在未提出自己意见之前，首先请教一下领导的想法，可以使你做到进退自如。一旦发现自己的想法还欠深入，考虑得不是很周到，你还有机会立刻止口，回去后再把自己的建议完善一下。如果你的建议仅仅是源于未能领会领导的意图，那么，你的建议不仅是毫无意义、分文不值，而且还暴露了你自己的弱点，这对你绝非是什么幸事。

向领导请教，有利于找出你们的共同点，这种共同点，既包括在方案上的一致性，又包括你们在心理上的相互接受。

许多研究者都发现，"认同"是人们之间相互理解的有效方法，也是说服他人的有效手段，如果你试图改变某人的个人爱好或想法，你越是使自己等同于他，你就越具有说服力。因此，一个优秀的推销员总是使自己的声调、音量、节奏与顾客相称。正如心理学家哈斯所说的那样："一个造酒厂的老板可以告诉你一种啤酒为什么比另一种要好，但你的朋友，无论是知识渊博的，还是学识疏浅的，却可能对你选择哪一种啤酒具有更大的影响。"而影响力是说服的前提。

有经验的说服者，他们常常事先要了解一些对方的情况，并善于利用这点已知情况，作为"根据地"、"立足点"，然后，在与对方接触中，首先求同，随着共同的东西的增多，双方也就越熟悉。越能感受到心理上的亲近，从而越能快速消除疑虑和戒心，使对方更容易相信和接受你的观点和建议。

下属在提出建议之前，先请教一下自己的领导，就是要寻找谈话的共同点，建立彼此相容的心理基础。如果你提的是补充性建议，那就要首先从明确肯定领导的大框架子开始，提出你的修正意见，做一些枝节性或局部性的改动和补充，以使领导的方案或观点更为完善，更有说服力，更能有效地执行。

如果你提出的是反对性意见呢？有人会说，这到哪里去找共同点呢？其实不然，共同点是不仅仅局限于方案的内容本身的，还在于培养共同的心理感受，使对方愿意接受你。而且，可以说，越是你准备提出反对，你就越可能招致敌意，因而越需要寻找共同点来减轻这种敌意，获得对方的心理认同。此时，虽然你可能不赞成你的上司的观点，但你一定要表示尊重，表明你对它的理性的思考。你应设身处地地从领导的立场出发来考虑问题，并以充分的事实材料和精当的理论分析作依据，在请教中谈出自己的看法，在聆听中对其加以剖析。只要你有趣有据，领导一定会心悦诚服地放弃自己的立场，仔细倾听你的建议和看法。在这种情况下，领导是很容易被说服，并采纳你的意见和建议的。

请教会增强领导对下属的信任感。当你用诚恳的态度来进行彼此的沟通时，领导会逐渐排除你在有意挑"刺"儿、你对领导不尊重等这些猜测，逐渐了解你的动机，开始恢复对你的信任。

社会心理学家们认为，信任是人际沟通的"过滤器"。只有对方信任你，才会理解你说话的动机，否则，如果对方不信任你，即使你提出的动机是良好的，也会经过"不信任"的"过滤"作用而变成其他的东西。这种东西往往是被扭曲了的，带有怀疑主义的色彩，这使得他不可能很理智地去分析你的意见和建议，你的每一句话都会与你的"不良"动机联系在一起。

有鉴于此，在领导面前请时刻注意你的品位，注意一下说话的方式，这可直接关系到你的地位。

文雅多一点，品位高一点

在与人交谈中，能不能恰当地使用文雅的语言是一个人自身品位最直接的表现。

雅语，是指一些比较文雅的词语。和俗语相对，雅语常常在一些正规的场合以及一些有长辈和女性在场的情况下，被用来替代那些比较随便的，有些甚至是粗俗的话语。确切地说，在日常交往中，雅语经常被一些其他的词语所替代。而在我们这样一个具有悠久文化传统的国家里，使用雅语本应是一种良好的习惯。多用雅语，能体现出一个人的文化品位以及尊重他人的个人素质。

有些使对方听了容易引起反感或不易接受的词语要避免使用，而以与之意义相同或相近的词语替代。例如，我们一般都把"胖"（特别对女性）说成"富态"、"丰满"，可以对胖人说是衣服瘦了，不能说衣服是标准尺寸的；把"瘦"说成"苗条"、"清秀"；把"生病"说成"不舒服"等。像这种同义替代语，如果运用得好，会显得语言委婉，效果较好。

在日常生活中，有时，当你急于减轻自己的某种生理负担时，例如正当你走在大街上，忽然觉得要大小便，这时你可能会直截了当地向人询问："请问，哪儿有公共厕所？"但如果你是在一位陌生人家里做客，你就必须这样说："我可以使用一下这里的洗手间吗？"或者说："请问，哪里可以方便"？这里使用了"洗手间"和"方便"来替代上厕所。

总的来说，恰当地使用文雅的语言，一定要注意以下几点：

第一，说完整的词句，不要吞吞吐吐或欲言又止，否则会让人觉得不爽快，严重些还会让你沟通的对象对你的人格产生怀疑。第二，不说粗话。说粗话的情况并非仅存在于中低劳动阶层，有许多学识深、地位高的"高级人士"也认为，当自己遇到稍微不顺心的事时，说一句"他×的"、"狗屎"并无伤大雅。其实不然，在公众场合说粗话是对个人的形象的很大伤害，更是一种听觉上的污染，给听者带来不快。第三，避免冗长无味或意思重复的言语，如："你明白我的意思吗？""你说好不好？""你知道吗？"也不要采用流行语、口头禅作为开场白，如："哇！"有些父母从孩子身上学到青少年所惯用的流行语，以为说了这些话就代表跟得上潮流。实则不然，毕竟年长者说着一口年轻人的流行语，既幼稚又有失身份。第四，不要用"嗯"、"喔"等鼻子发出的声音来表达个人意见的同意与否（别忘了鼻子是用来呼吸的，不是用来答话的）。这些音调虽非粗话，却是懒惰的表现，会令谈话者有不受重视的感觉。

但是，使用优雅的词汇进行交流并不是鼓励使用那些极为拗口的书面语，甚或文言文，这样容易给人卖弄的感觉，也会给沟通造成障碍。还要注意不要在谈话中夹杂半生不熟的外语。

手势和手指也暗藏乾坤

因文化背景的差异，同一种手势可能有不同的含意，甚至有相反的含意。正确的手势和身体语言，可以很好地提升自己的品位。而错误的动作，则不但起不到这种作用，而且是非礼的，会引起误解，甚至发生冲突。

当一个年轻的美国商人在巴西成功地完成了一项谈判之后，高兴地使用了 OK 手势时，在座的巴西人顿时哑然，人们冷冷地看着这个美国商人。美国商人的助手显得异常尴尬，赶忙把这位商人拉到会议厅外，告诉他说在拉丁美洲这种手势的意思是"搞那种关系"，就像美国人光伸出中指的含义一样，这位年轻的美国商人立刻向巴西人道了歉。他们在买卖上达成的协议差一点因此而告吹。

到一个陌生的国度，由于语言不通，自然而然地要用手比画，用眼神和动作表示自己的意思。在这种时候必须注意，否则就会像刚才提到的美国商人一样，由于手势不当而处于非常难堪的境地。

跷起大拇指的手势在不同国家有不同的意思，在英国、澳大利亚和新西兰等国，搭车旅游者常用它作为搭车手势，这是一种善意的信号。如果将大拇指急剧向上跷起，它就变成了另一种意思，即侮辱人的信号，如在希腊，急剧地跷起拇指意思是让对方"滚蛋"！

在中国，跷起大拇指是个积极的信号，通常是指高度的称赞，表示"顶好"。然而，如果一个中国人按着本国习惯使用这一手势去夸奖一个希腊人的话，那就会闹出笑话或产生不愉快的结局。

"向上伸小指"这一手势在中国表示"小"、"微不足道"、"最差"、"最末名"、"倒数第一"，并且引申而来表示"轻蔑"；在日本则表示"女人"、"女孩"、"恋人"；在韩国表示"妻"、"妾"、"女朋友"；在菲律宾表示"小个子"、"年少者"、"无足轻重之人"；在美国表示"懦弱的男人"或"打赌"；尼日利亚人伸出小手指，含"打赌"之意；在泰国和沙特阿拉伯，向对方伸出小手指，表示彼此是"朋友"，或者愿意"交朋友"；在缅甸和印度，这一手势表示"想去厕所"。

同样，手指语的运用也有一些原则。首先，要看语境。在特定的场合要使用特定的手指语，不然会闹出笑话；其次，不要滥用手指语。在与别人交谈的过程中，做出不友好的手势，会发生意料不到的后果；最后，要注意手指使用的频率、摆动幅度。如果频率过多，幅度过大，轻则给人缺乏修养没有品位的印象，重则会给人张牙舞爪的感觉。

小心眼神毁了你

眼睛是心灵的窗户，一个人最容易被他人看穿的就是流露出的眼神，在心理学中讲的心灵透视，就是常常从眼神里探究出一个人的心性、成就高低等。如果一个人的眼睛长得细长，黑白分明，看上去很深邃，有光彩，即所谓"黑光如漆，照晖明朗，瞳子端定，光彩射人"，则反映出这个人比较聪明，有智慧，因为眼睛透出了一股灵气。反之，如果一个人两眼浅短，眼神浑浊呆滞样，表明其人无才华，反应比较愚钝。眼球转动较快的人，反应较快，反之则相反。眼睛最忌"四露"，即露光、露神、露威、露煞。所以，眼神是透视人的品格和个性以及聪明才智等特性时须特别注意的部分。例如，从大商家或高层政治人物的眼神中，可以看到自信、肯定及权威，他们的眼神与普通人的眼神一定有所差异。

孟子曾有过对眼睛的论述，他说："胸中正则眸子明焉，胸中不正则眸子眊焉。眸子不能掩其恶也，善恶在目中偏。善者正视，眼清、睛定；恶则斜视、不定、神浊。"因此，古人把眼睛称为"监察官"。

面部表情语言以眼睛最为重要，文艺复兴时期伟大的艺术家达·芬奇认为，人的眼神变化可以反映一个人的内心世界，有的心理学家得出这样的结论：人的表达包括70%的体态语言表达。具体地说，眼神的作用通常表现在以下几个方面：

第一，眼神能塑造自我形象，能给人以鲜明的"第一印象"。眼能传神，能表现人的心理内容的说法，是非常有道理的。

第二，眼神"会说话"，能传达细微、复杂、强烈的思想感情。人们从眼睛里就可以认识到内在的心灵。眼神语所传达得极为细微、深邃的思想感情，有时候连有丰富表现力的有声语言也无法胜任，无法替代。

第三，自然流露的眼神，能反映人物的境遇、性格和深层心理。眼神的运用分为有意识和无意识两种。无意识的眼神，是内心世界的自然流露，从这一点来看，也是目如其人。

综上所述，在日常生活和工作当中，为了不让眼神破坏我们的品位，一定要注意以下几点：

不要斜视对方，那是一种轻蔑与无礼的表现。

不要目不转睛地聚焦于对方脸上某个部位，那会使对方感到有一种巨大的压力，尤其是异性。

不要显得目光呆滞，那会使人感到你神情木讷，漫不经心。

不要眯着眼看人，那会使人引起性的联想，特别是对于来自西方的异性。

不要总是与对方的目光对峙，那意味着相互间的激烈交锋与对抗。

发挥交往中目光的效能，可以使我们常常在不说一句话、不打一个手势中俘获人们的注意，建立双方友好的交往关系。所以，千万不要忘了眼睛与目光在社交中的关键作用。

中餐吃的是礼仪

无论在世界的哪个地方，餐饮宴请是一种最平常的社交活动，宴请活动就其目的性质而言，大约分为三种：一种是礼仪性质的，如为迎接重要的来宾或政界要员的公务性来访；为庆祝重大的节日或举行一项重要的仪式等举行的宴会，都属于礼仪上的需要，这种宴会要有一定的礼宾规格和程序。另一种是交谊性的，主要是为了沟通感情、表示友好、发展友谊，如：接风、送行、告别、聚会等。再一种是工作性质的，主人或参加宴会的人为解决某项工作而举行的宴请，以便在餐桌上商谈工作。这三种情况又常交相互用兼而有之。宴会的目的形式性质不同，但宾主所遵循的基本礼仪是一致的。

中餐宴会是指具有中国传统民族风格的宴会，参加者遵守中国人的饮食习惯和礼仪规范。

（1）座次安排

正式宴会，一般都事先安排座次，以便参加宴会者入席时井然有序，同时也是对客人的一种礼貌，非正式的宴会不必提前安排座次，但通常就座也要有上下之分。安排座位时应考虑以下几点：一是以主人的位置为中心。如有女主人参加，则以主人和女主人为中心，以靠近主人公为上，依次排列；二是要把主宾和夫人安排在最主要的位置。通常是以右为上，即主人的右手是最主要的位置。离门最远的、面对着门的位置是上座，离门最近的、背对着门的位置是下座，上座的右边是第二号位，左边是第三号位，依此类推；三是在遵从礼宾次序的前提下，尽可能使相邻者便于交谈；四是主人方面的陪客应尽可能插在客人之间，以便与客人交谈，避免自己的人坐在一起。

（2）宾主礼仪

主人的礼仪：应该说，宴会的成功有赖于主人的热情好客，慷慨招待和细致周到的组织安排。从礼节上讲，主人的职责是使每一位来宾都感到主人对自己的欢迎之意。主人举办宴请，无论是中餐还是西餐，无论是出于什么原因和目的，主人都应提前对客人发出口头或书面邀请，并依照客人的习惯、特点安排好请客时间、地点等事宜。礼仪性宴请礼节更隆重讲究。在宴会开始前，主人应该站立门前笑迎宾客，晚辈在前，长辈居后。对每一位来宾，要依次招呼，待客人大部分到齐之后，再回到宴会场所中来，分头跟客人招呼、应酬（家庭便宴比较随便，主人不一定在门口迎客，可在客人到达时趋前握手招呼）。主人对宾客必须热诚恳切，一视同仁，不可只注意应酬一两个而忽略了别的客人。入席前，烟、茶不可全部假手他人或服务员代劳递送，主人应尽可能地亲自递烟倒茶。上菜后，主人要先向客人敬酒，说一些感谢光临的客气话。此后每一道菜上来，都要先举杯邀饮，然后请客人"起筷"。要照顾到客人的用餐方便，及时调换菜点或转动餐台。遇到有特殊口味的客人要及时调换菜点。席散后，主人要到门口，恭送客人离去。对那些在宴请中照顾不多的客人，应说几句抱歉和感谢之类的话。对走在后面的客人，可略为寒暄几句。

（3）做客礼仪

作为应邀参加宴会的客人，如时赴约、举止得当、讲究礼节是对主人的尊重。还应注意以下几个问题：①服饰。客人赴宴前应根据宴会的目的、规格、对象、风俗习惯或主人的要求考虑自己的着装，着装不得体会影响宾主的情绪，影响宴会的气氛；②点菜。如果主人安排好了菜，客人就不要再点菜了。如果你参加一个尚未安排好菜的宴会，就要注意点菜的礼节。点菜时，不要选择太贵的菜，同时也不宜点太便宜的菜，太便宜了，主人反而不高兴，认为你看不起他，如果最便宜的菜恰是你真心喜欢的菜，那就要想点办法，尽量说得委婉一些；③进餐。进餐时举止要文明礼貌，"不马食，不牛饮，不虎咽，不鲸吞，嚼食物，不出声，嘴唇边，不留痕，骨与秽，莫乱扔"。面对一桌子美味佳肴，不要急于动筷子，须等主人动筷说"请"之后你才能动筷。主人举杯示意开始，客人才能用餐。如果酒量还能够承受，对主人敬的第一杯酒应喝干。同席的客人可以相互劝酒，但不可以任何方式强迫对方喝酒，否则是失礼。自己不愿或不能喝酒时，可以谢绝。夹菜时，一是使用公筷；二是夹菜适量，不要取得过多，吃不了剩下不好；三是在自己跟前取菜，不要伸长胳膊去够远处的菜；四是不能用筷子随意翻动盘中的菜；五是遇到自己不喜欢吃的菜，可很少的夹一点，放在盘中，不要吃掉，当这道菜再传到你面前时，你就可以借口盘中的菜还没有吃完，而不再夹这道菜，最后你应将盘中的菜全部吃净。进食时尽可能不咳嗽、打喷嚏、打呵欠、擤鼻涕，万一不能抑制，要用手帕、餐巾纸遮挡口鼻，转身，脸侧向一方，低头尽量压低声音。参加宴会最好不中途离去。万不得已时应向同桌的人说声对不起，同时还要郑重地向主人道歉，说明原委。吃完之后，应该等大家都放下筷子，主人示意可以散席，才能离座。宴会完毕，你可以依次走到主人面前，握手并说声"谢谢"，向主人告辞，但不要拉着主人的手不停地说话，以免妨碍主人送其他客人。

（4）其他礼仪

①筷子的用法。筷子是中国特有的就餐工具，虽然用起来简单、方便，但也有很多规矩。比如：不能举着筷子和别人说话，说话时要把筷子放到筷架上，或将筷子并齐放在饭碗旁边。不能用筷子去推饭碗、菜碟，不要用筷子去叉馒头或别的食品。其他用筷忌讳还有：忌舔筷——不要用舌头去舔筷子上的附着物；忌迷筷——举着筷子却不知道夹什么，在菜碟间来回游移。更不能用筷子拨盘子里的菜。忌泪筷——夹菜时滴滴答答流着菜汁，应该拿着小碟，先把菜夹到小碟里再端过来。忌移筷——刚夹了这盘里的菜，又去夹那盘里的菜，应该吃完之后再夹另一盘菜。忌敲筷——敲筷子是对主人的不尊重。另外，筷子通常应摆放在碗的旁边，不能放在碗上。在用餐时如需临时离开，应把筷子轻轻放在桌子上碗的旁边，切不可插在饭碗里。现在有些宴席实行公筷公匙，那么，你就要记住不能用个人独用的筷子、汤匙给别人夹菜、舀汤。②餐巾的用法。如今很多餐厅都为顾客准备了餐巾，通常，要等坐在上座的尊者拿起餐巾后，你才可以取出平铺在腿上，动作要小，不要像斗牛似的在空中抖开。餐巾很大时可以叠起来使用，不要将餐巾别在领上或背心上。餐巾的主要作用是防止食物落在衣服上，所以只能用餐巾的一角来印一印嘴唇，不能拿整块餐巾擦脸、擤鼻涕，也不要用餐巾来擦餐具。如果你是暂时离开座位，请将餐巾叠放在椅背或椅子扶手上。用完餐，将餐

巾叠一下放在桌子上，但千万别揉成一团"弃"在那儿，好像一朵被你摧残过的花朵。③一般餐桌上会为每位用餐者准备茶水、饮料和酒水，通常茶水、饮料或酒水在右侧，饮用时尽量不要用错。④作为主人（特别是陪同人员），宴会进行期间可能为客人斟酒上菜，应该从客人左侧上菜，从客人右侧斟酒。

（5）自助餐礼仪

自助餐的特点是不设固定席位，可以任选座位，站着也行，形式活泼，很便于彼此的交流。菜肴、食品连同餐具都摆设在桌上，任由客人自取，喜欢什么，量的大小，完全自主。在这种场合也要注意礼仪。一次不宜取太多的食物，不够可以再添，以免让别人笑话自己没吃过东西，没见过世面，如果吃剩下一堆，就更失礼了。另外，要把骨头、鱼刺等拨到盘子一边。吃完自助餐，不能将食物带出餐厅。

西餐吃的是格调

随着社会的不断进步和发展，人们对吃喝的要求也是越来越高。在困难时期，我们想的是如何才能填饱肚子，而到了小康社会我们不仅要求吃饱，还要吃好。而今，吃西餐渐渐成了时尚，人们围坐在铺着雪白的桌布，摆着锃亮刀叉的餐桌周围进餐，所追求的已经不是吃好的问题，而是要吃出格调，吃出品位。

一般的西餐馆，都由侍应带领入座，从椅子左侧坐下。如果介绍的桌子不合意，可以把自己的要求说出来。假如同伴是女性，让女性先走是礼仪，入座时也一样，让女性先坐。

如男女两人去餐厅用餐，男士应请女士坐在自己的右方，但不要让她坐在人来人往的过道边。如果只有一个靠墙的位置，应请女士坐在那里，男士应坐在她的对面。如系两对夫妇就餐，夫人应靠墙而坐，先生则应面对他们各自的妻子。若两位男士陪伴一位女士进餐，女士应坐在男士们的中间。若两位同性进餐，则靠墙的位子应留给其中的长者。每个人入座或离座，均应从座椅左侧走为宜。

如是宴会，座位安排在西方是男女交叉安排，以女主人的座位为准，主宾坐在女主人的右上方。举行两桌以上的宴会，各桌均应有第一主人，其位置应与主桌主人的位置同向。

去酒店、餐馆等地方就餐，要把大衣存放在衣柜里，尤其是高级的餐馆严禁把大衣提在手里进去。没有衣柜的地方，必须在入口处脱下大衣，拿在手里走进去，避免让餐馆里正在用餐的人看上去不礼貌。

在叫唤待应时，不要高声大喊，因为这会骚扰旁边正在用餐的人，可以用眼色或举手示意叫唤待应。

吃西餐一定要饮酒的，并且所饮之酒也有餐前、餐后之分。

餐前酒，法语叫做开胃酒，英语叫做开胃品，意思都是"增加食欲的东西"。

餐前酒因国而异，各国经常喝的分别如下：

法国——葡萄酒、威士忌（主要是苏格兰威士忌）、马天尼。

英国——葡萄酒（从法国及其他各国输入）、威士忌、鸡尾酒、啤酒。

美国——鸡尾酒、威士忌、啤酒。

俄罗斯——伏尔加、葡萄酒。

日本——啤酒、威士忌、鸡尾酒、葡萄酒。

以上酒类因为是增加食欲之用，故可自由预约。只是葡萄酒有辣口和甘口之分。餐前或中途多喝辣口的葡萄酒。

餐后酒，法语、英语都叫做消化酒，是帮助消化的意思。它是和全餐的最后一道咖啡一起喝的。

餐后酒的代表有白兰地和利久酒。白兰地是葡萄酒蒸馏而成的，酒精浓度大约是 42 ~ 43，代表性的有法国科涅克地方产的白兰地。

葡萄酒按颜色可分为白、玫瑰红、红色三种。白色或玫瑰红色葡萄酒配鱼虾类，红色葡萄酒配肉类。白色或玫瑰红色葡萄酒用酒类冷凝器冰冻到 5℃ ~ 10℃左右来喝。红色的葡萄酒不必冷冻，常温（17℃ ~ 18℃）下喝。

选择葡萄酒时上酒服务员会拿着葡萄酒目录来给你选酒。一经选定，上酒员就会先向主人（或女主人）倒少量酒。主人（或女主人）看看酒色，闻闻酒味，然后再尝一口。妥后，上酒员就向其他的杯子倒入大约六分满的酒量，最后才再倒入主人（或女主人）的杯子。

遇到酒质不好或软木塞坏了不能喝的情况，开瓶后的葡萄酒也可以换，其他情况就不可以了。

要求注酒时，把杯子就那样放在桌子上，不想再喝时，只需将右手掌按在杯子上，而不必说"我不再要酒了"这类话，这不仅限于葡萄酒，对其他的饮料也适用。

饮用不同种类的酒，应选用不同形状的酒杯。

喝葡萄酒，通常是用高脚玻璃杯。古时也有用直身无颈的杯子，但现在很少有人这样使用，这种杯被用来喝威士忌。

用拇指、食指和中指并持杯颈，千万不要手握杯身，这样既可以充分欣赏酒的颜色，手掌散发的热量又不会影响酒的最佳饮用温度。

基本上，大部分类型的葡萄酒（红、白、桃红）都可以用郁金香型的杯子，杯颈长、杯碗圆、杯身向上收窄。但讲究的饮酒者不仅根据葡萄酒的种类选用不同酒杯，甚至同类的酒，由于产地、年份不同，酒杯也要有所区别。

同样是红酒杯，波尔多的，是较长身的郁金香型，而适合勃艮第的，则是杯身较矮的款式，有的品牌甚至将之做成圆球状，毕竟两地的酒，性格不大一样。喝白葡萄酒的杯子，杯身较高，因为白葡萄酒的香气不会像红酒那么强烈，它不需像红酒那样经"呼吸"而醇化。较小的空气接触，可令香气、口感更持久。

杯身细小，容量不大的，宜用来喝甜葡萄酒，兼用来喝波特酒。

喝白兰地，用的则是短颈的杯子，杯口的收弧较大，杯子较宽。不是持颈而饮，而是掌心轻托杯碗，让体温加速酒的挥发。

此外，一饮而尽、边喝边透过酒杯看人、拿着酒杯边说活边喝酒、吃东西时喝酒、口红印在酒杯沿上等，都是失礼的行为。不要用手指擦杯沿上的口红印，用面巾纸擦较好。

除饮酒之外，西餐在餐具的使用和不同菜品的吃法上也有很多讲究。

在桌子上成套的容器中，玻璃类容器要放在前面的右方，这是因为用右手持拿玻璃杯喝饮料的原因。

面包放在左边，左手拿面包，右手将牛油涂在面包上，这时喝饮料吃面包时，都不要变动容器原来的位置。一旦移动杯子或面包皿，侍应端出菜式时，容器就可能成为障碍，很难摆设。

女主人拿起餐巾时，你就可以拿起你的餐巾，放在腿上。餐巾如果很大，就双叠着放在腿上；如果很小，就全部打开。千万不要将餐巾别在衣领上，也别在手中乱揉。可用餐巾的一角擦去嘴上或手指上的油渍或赃物，但不可用它来擦刀叉或碗碟。

正餐通常从汤开始，在你座前右边的盘子旁边最大的一把匙子就是汤匙，不要错用放在桌子中间的那把匙子，因为那可能是取蔬菜或果酱用的。在女主人拿起她的匙子或叉子之前，客人不得食用任何一道菜。通常，女主人也要等大家面前都有菜时才开始进餐。

在正式的午餐会或晚餐会的场合，面包是在吃完前菜（开胃菜）、汤后才开始吃的。

如果是和家族、友人一起进餐，一开始就吃面包也不要紧。即使直至上最后的菜式的期间，只要喜欢随时都可以吃面包。

吃面包时应该用手指去拿，然后放在旁边的小碟中或大盘的边沿上，决不可用叉子去叉面包。黄油可用黄油刀（不用个人的刀了）从黄油碟中取出，放在旁边的小碟上，而不是抹在自己的面包上。从一块面包卷或一片面包上撕下一小块，用刀子抹些黄油吃，不要把整块面包一下都抹上黄油。

在法国，沙拉是在烤肉后吃，但在美国却是在烤肉之前或和烤肉一起吃的。

米饭在美国是放在座位左侧的，吃时可以把身体略向左倾，用叉子吃，西方其他国家的米饭也是用叉吃的，右手持叉。

主要的一道菜多半是由男主人端上，尤其是需要切分的鸡鸭或烤肉。他常常要问每一个位客人喜欢吃哪部分的肉，你可直爽地告诉他，你喜欢吃肥的还是瘦的，或者哪一部分。

吃牛肉由于可以按自己爱好决定生熟的程度，因此预订时要跟着说出自己喜欢的生熟程度。

一般来说，有以下 5 种烧法：生；生与半生熟之间；半生熟；熟与半生熟之间；熟。

牛肉和所有的肉类一样，应该一边吃一边切，不要一口气切成小块后再吃。不过，美国人有这种吃法。

沙拉只准用叉子吃。吃沙拉时，右手拿叉，叉尖朝上。通常有一把吃沙拉的专用叉子，比吃肉的叉子略小一点。如果先上沙拉后上肉，沙拉叉就在肉叉的外侧（肉叉是最大的）；如果先上肉后上沙拉的话，沙拉叉就放在里侧。

搭配的威化饼干和指状饼干，是用来缓和雪糕在口里造成的冷冻感觉的，但不能因此就把雪糕盛放在饼干上来吃，应该分开来一口一口吃。

用叉子的刃切蛋糕。用叉子叉起蛋糕时，不要把左手放在蛋糕下面准备随时承接，但是用叉时注意不要使蛋糕从叉子上掉下来。

喝咖啡时，放砂糖和奶进去，用茶匙搅拌，然后把茶匙放在杯子内侧靠外面。不要为了去掉茶匙上的咖啡汁而挥动茶匙。把茶匙提离咖啡贴在杯子内侧停留1～2秒钟是很漂亮的做法。此外，饮咖啡时，有人把座碟拿在左手上，这是没有必要的。

当女主人表示餐宴已经结束时，她就从座位上起立，与此同时，所有的客人也应随着起立。按礼节来说，在女客人起立后，男客人要帮她们把椅子归回原处。在正式的礼交场合，男客人应该围桌谈一会儿话，然后再进客厅与女客人相聚、话别。

至此一顿有格调、有品位的西餐，才算圆满结束。

喝茶品的是一种文化

但凡稍微有些修养的人都知道，喝茶不仅仅是为了解渴，喝茶一定要会品，品味其中的味道，品悟其中的文化。面对香茶一杯，如果你用"牛饮"的方式把它解决掉，看似豪爽，实则大煞风景。所以，喝茶不在于茶的本身，而在于它的文化内涵。就算你成不了这方面的专家，最起码也要略知一二。

中华民族五千年的文明史，无论翻到哪一页几乎都可以嗅到轻轻飘散的缕缕茶香。我国地大物博，民族众多，由于各兄弟民族的地理环境不同，历史文化有别，生活习惯也会有差异，就是同一民族也有"千里不同风，百里不同俗"的现象。但是，在饮茶、嗜茶方面却殊途同归，无论茶的饮用方法有什么不同，都是中华民族共同珍爱的。

如今，茶已发展成为风靡世界的三大无酒精饮料之一，饮茶嗜好遍及全球。在英国，茶被视为美容、养颜的饮料，从宫廷传到民间后形成了喝早茶、午后茶的时尚习俗，博学的勃莱迪牧师称茶为："健康之液，灵魂之饮。"在法国人眼里，茶是"最温柔、最浪漫、最富有诗意的饮品"。在日本，茶不仅被视为是"万病之药"，是"原子时代的饮料"，而且，日本人在长期的饮茶实践中，使饮茶脱离了日常物质生活需要的范围，发展升华为一种优雅的文化艺能——茶道。

《封氏闻见记》中说："又因鸿渐之论，广润色之，于是茶道大行。"唐代刘贞亮在饮茶十德中也明确提出："以茶可行道，以茶可雅志。"那么，究竟什么是茶道呢？

著名的农学家、社会活动家吴觉农先生认为：茶道是"把茶视为珍贵、高尚的饮料，饮茶是一种精神上的享受，是一种艺术，或是一种修身养性的手段"。

茶叶专家庄晚芳先生认为：茶道是一种通过饮茶的方式，对人民进行礼法教育、道德修养的一种仪式。庄晚芳先生还归纳出中国茶道的基本精神为："廉、美、和、敬"他解释说："廉俭育德、美真廉乐、合诚处世、敬爱为人。"

周作人先生则说得比较随意，他对茶道的理解为："茶道的意思，用平凡的话来说，可以称作为忙里偷闲，苦中作乐，在不完全现实中享受一点美与和谐，在刹那间体会永久。"

在我国，茶被誉为"国饮"。"文人七件宝，琴棋书画诗酒茶"，茶通六艺，是我国传统文化艺术的载体。茶被人们视为生活的享受，健康的良药，提神的饮料，友谊的纽带，文明的象征。中国人为什么爱茶，因为，喝茶有益，喝茶有礼，喝茶有道。

　　在博大精深的中国茶文化中，茶道是核心。茶道包括两个内容：一是备茶品饮之道。即备茶的技艺、规范和品饮方法；二是思想内涵。即通过饮茶陶冶情操、修身养性，把思想升华到富有哲理的境界。也可以说是在一定社会条件下把当时所倡导的道德和行为规范寓于饮茶的活动之中。这两个基本点，在唐人陆羽《茶经》中都明显得到体现。

　　《茶经》共十章。除四章是讲茶的性状起源、制茶工具、造茶方法和产区分布外，其余六章全部或主要是讲煮茶技艺、要领与规范的。"四之器"详细描述了茶道所需的24种器皿，包括规格、质地、结构、造型、纹饰、用途和使用方法；"五之煮"讲烤茶要领，选用燃料，鉴别水质，怎样掌握火候和培育茶的精华技巧；"六之饮"详细规定了饮茶应该注意的9个问题，还提出品名贵之茶每次不要超过三盏以及三人饮茶、五人饮茶和七人饮茶各应如何进行；"七之事"列举历史上饮茶典故与名人逸事；"九之略"讲述在野外松间石上、清泉流水处和登山时在山洞里等不同场所进行茶道哪些器皿可能省略；"十之图"要求把《茶经》所写的茶事活动绘成图，挂在茶席一角，使参加者能在场看明白。对于茶道的思想内涵，《茶经》写道："茶之为用，味至寒，为饮，最宜精行俭德之人。"作者这里提出了"精行俭德"作为茶道思想内涵。也就是说，通过饮茶活动，陶冶情操，使自己成为具有美好的行为随和俭朴、高尚道德的人。

　　与陆羽忘年交的释皎然在题为《饮茶歌诮崔石使君》写道："一饮涤昏寐，情思爽朗满天地。再饮清我神，忽如飞雨洒轻尘。三饮便得道，何须苦心破烦恼……孰知茶道全尔真，唯有丹丘得如此。"在一首诗中两次提到了茶道一词。在此，唐御史中丞封演在《封氏闻见记》"饮茶"一章又写道："有常伯熊者因鸿渐之论，广润色之，于是茶道大行。"可见：是《茶经》确立了茶道的表现形式与富有哲理的茶道精神；而释皎然和封演赋予了"茶道"名称。

"茶道"如月，人心如江，不同的茶在不同的人心中对茶道自有不同的美妙感受，仅从形式上来说也不能一概而论。

我们都知道茶的种类繁多，味道各有特色，你也一定有自己偏爱的那一种。不过，不同的茶有着不同的冲泡和饮用之"道"，现简要地介绍一下：

红茶。饮红茶需用瓷杯，正确的是使用杯口略敞、杯底略小、有杯底边、有杯耳、高约 8 厘米左右的那种瓷杯。茶叶放入杯中以后，只能往杯中注入70%的开水，不能把水注满，否则悬手持杯时茶水会溢出，杯中注入七成水也是俗礼。

端茶时，一手持杯耳，一手轻托杯底，既保持平衡，又使双手呈对称式，表示优雅礼仪。自己喝茶时应该如此，与人喝茶时，端茶、接茶也应该如此。只是在端茶给别人时，一手的大拇指、食指和中指持杯耳的下端，另一只手轻托靠近自己胸前一侧的杯底部分，以便别人接茶方便；而接别人端来的茶时，要一手大拇指和食指捏住杯耳的上端，另一只手托住靠近自己一侧的杯底部分。在茶水的接与送的过程中，身体不要太直，可以微微向前。

绿茶。绿茶可以用瓷杯喝，但多是用盅饮。茶叶是嫩嫩的，不宜直接泡在杯里，而是取足量的茶叶放入茶壶中，把开水冲入，并快速把茶水倒出，就能品到没有烧坏的新茶味道。

茶水要一次性从壶中倒出来，不能留水在壶中，倒干后让壶中只剩茶叶，这样能避免开水把绿茶捂住，因为喝绿茶就是喝它的新、绿、嫩的茶原味。如果一次性倒不完，可以把剩下的茶水倒入其他的容器中，再慢慢享用。

饮绿茶时，端茶的动作要缓慢优雅，一手的大拇指与中指持盅口。一手的中指或与食指轻托盅底，轻送到唇边。喝茶时应三口饮完，因三口为"品"。

果茶。果茶的成分是茶与花果，色彩漂亮，味道清爽，一般用直饮杯（高筒的直式透明的玻璃杯）冲饮。先把花果与茶叶放入玻璃杯内，用80℃

的热开水冲泡，水面距杯口约 1.5 厘米左右，使用吧勺或搅棒搅动，至茶水变色。

搅动时，杯子放在桌上，用一手轻触杯身，一手大拇指与中指或食指轻捏勺柄，缓缓地按顺时针方向搅动，轻搅几圈后，茶水变色，色泽透明晶莹，带有浅浅的花果颜色，清香溢出。

饮用时，要将吧勺或搅棒取出，不要放在杯中直接喝，也不要喝几口，搅动几下，这种动作会显得很局促，也不雅。

盖碗茶喝盖碗茶时可以一手持杯，一手持盖，把碗端至胸前，头缓缓低下，手缓缓上抬，持盖的手是用大拇指与中指持盖顶，再将碗盖略斜，使靠近自己一侧的盖边向下轻轻划过茶水水面。借碗盖边在水面的划动，把碗里漂在上面的药材、茶叶拨到一边，使你喝茶时，不至于把茶叶和药材喝到口中。

喝盖碗茶时，如果觉得茶水很烫的话，可以用嘴轻轻地吹，帮助冷却。用嘴吹时，嘴型要小而扁，不可发出声音。

别人给你倒茶时，你可以用双手中指或食指轻触一下茶碗，表示礼貌，不必用双手把茶碗捧起来；请别人喝茶时，也不要把泡好的茶递入别人的手中，只需放在他面前的桌子上或靠近他的地方就可以了。

第九章

品位让你焕发活力

　　年龄代表什么？代表生活的历练和经验的多少？或者仅仅是生理的变化？不管人们怎么看它，年龄的痕迹既体现在身体上，又深深地烙在人们的心灵里。只有冲破这一烙印的束缚，才能活出一股蓬勃的朝气。

告诫自己要活在当下

很多人都会为年龄而担忧。有的人会计划什么年龄做什么事，如果做不到就会忧心忡忡，认为自己浪费了大好光阴，产生时不我待的感慨。还有的人总是感叹时间过得太快，自己还没享受过花花世界，居然就已年纪一大把了，遂常常叹息："唉，老了！"

其实，大多数人都是把目光放在明天，而忘记了关注"现在"。有人说："我明年要换更大的房子。"有人说："我下学期要好好学习，争取英语过四级。"有人说："我下次假期再带家人去旅行。"有人说："等下次有机会我再向朋友道歉，这次就算了。"也许到他们所说的"明天"会真的实现自己所说的话，但是他们会因此快乐吗？不，因为他们又在计划着"明天"，而忘了享受"现在"的快乐。

有个小和尚，每天早上负责清扫寺院里的落叶。

清晨起床扫落叶实在是一件苦差事，尤其在秋冬之际，每一起风时，树叶总随风飞舞。每天早上小和尚都需要花费许多时间才能清扫完树叶，这让他头痛不已。他一直想要找个好办法让自己轻松些。

后来他想了个办法，在明天打扫之前先用力摇树，把落叶统统摇下来，后天就可以不用扫落叶了。第二天他起了个大早，使劲地猛摇树，这样他就可以把今天跟明天的落叶一次扫干净了。一整天小和尚都非常开心。

隔天早上，小和尚到院子里一看，他一下呆住了。院子里如往日一样满地落叶。老和尚走了过来，对小和尚说："傻孩子，无论你今天怎么用力，明天的落叶还是会飘下来。"小和尚终于明白了，世上有很多事是无法提前的，唯有认真地活在当下，才是最真实的人生态度。

古希腊学者库里希坡斯曾说："过去与未来并不是'存在'的东西，而是'存在过'和'可能存在'的东西。唯一'存在'的是现在。"

一天早餐后，有人请一位法师指点。法师邀他进入内室，耐心聆听此人滔滔不绝地谈论自己存疑的各种问题达数分钟之久，最后，法师举手，此人立即住口，想知道法师要指点他什么。

"你吃了早餐吗？"法师问道。

这人点点头。

"你洗了早餐的碗吗？"法师再问。

这人又点点头，接着张口欲言。

法师在这人说话之前说道："你有没有把碗擦干？"

"有的，有的，"此人不耐烦地回答，"现在你可以为我解惑了吗？"

"你已经有了答案。"法师回答，接着请他离开。

这人觉得很纳闷，他苦思了几天之后，才终于明白法师点拨的道理。法师是提醒他要把重点放在眼前——必须全神贯注于当下，因为这才是真正的要点。

当下是什么？当下就是你唯一可以掌握的。过去已经不会再回来，而未来尚未到来，只有现在才是真实的。

活在当下，就是让你把关注的焦点集中在现在，而不是对眼前的一切视若无睹。人生是要一天一天度过的，事情是要一件一件去做的，你可以计划明天，但不可能预支明天，如果把力气耗费在未知的明天，那你的今天就会白白浪费了。

所以，何必感慨年龄呢？你的感慨并不会让时间停留，只会让你又浪费了一天的生命。

《百喻经》里有一个故事：一只猩猩得到了一把豆子，它抓在手里，高高兴兴地在路上走，一蹦一跳地。一不留神，手中的豆子掉落了一颗在地上，于是，猩猩马上把手中的豆子放在路边，趴在地上寻找那颗丢失的豆子。可是它转来转去，东寻西找，始终不见那颗豆子的踪影。最后，猩猩只好爬起来，准备拿着刚才放在一旁的豆子继续赶路。谁知那把豆子已经被路旁的鸡鸭吃得一粒也不剩了。

愚蠢的猩猩，为了找寻一颗失去的豆子，而丢掉了所有的豆子。想想我们自己，有时也在犯同样的错误。有人会执着于年龄，感叹从前没有怎样怎样，以致现在如何如何，他却忘了过去是永远也找不回来的，只顾叹息过去，眨眼间，现在也变成了他所叹息的过去。这样的人，不是把希望寄托于未来的，但二者同样令人感到惋惜。

你见过梅花感慨自己的年龄吗？老树寒梅自然别有风骨可画。如果你意识到年龄的增长是生命的自然，那么你就不会在意时间的流逝，而是认真地过每一天了。

崔昊和一位曾留学德国的老师谈起老师在德国的留学生。

老师说："在德国，因为学制还有一些适应的问题，有些人一呆就会待上 10 年才拿到博士学位。"

崔昊说："哇！那么久啊！"对于才 20 岁的他而言，10 年，不就是生命的一半吗？

老师笑了笑："你为什么会觉得那么久呢？"

崔昊说："等拿到学位回国工作，都已经三四十岁了呢！"

老师："就算他不去德国，有一天，他还是会变成'三四十岁'，不是吗？"

"是的。"崔昊犹豫着答道。

老师："你想透了我这个问题的含义了吗？"

他不解地看着老师。"生命没有过渡，不能等待，在德国的那 10 年，也是他生命的一部分啊！"老师语重心长地说。

"啊！我了解了！"

那一段谈话，对崔昊的影响很大，他学会了一个很重要的生活哲学与价值观。

有段时间工作很忙，有朋友问他："你要忙到什么时候呢？"

"我应该要忙到什么时候？或者说到什么时候我才该不忙呢？"崔昊反问。朋友答不上来。

"忙碌也是我生活的一部分，重点应在于我喜欢不喜欢这样的'忙碌'。如果我喜欢，我的忙碌就应该持续下去，不是吗？"崔昊说道。

忙碌不是生命的"过渡阶段"，而是最珍贵的生命的一部分。很多人常会抱怨："工作太忙，等这阵子忙完后，我一定要……"于是一个本属于生命一部分的珍贵片段，就被定义成一种过渡与等待。

"等着吧！挨着吧！我得咬着牙度过这个过渡时期！"当这样的想法浮现，我们的生命就因此遗落了一部分。

生命没有过渡，不能等待。所以，努力让自己关注现在吧，喜欢自己的每一个生命阶段、每一个生命过程和每一个年龄，因为这些就是生命，不能重来的生命。

活在当下，不要被年龄的陷阱所蒙蔽，年龄除了证明你在世界活了多久，其他的毫无意义。

享受生命中宁静淡远的美

在约瑟芬·哈特的小说《损害》中，一名角色悲叹说："光阴像匹骏马，在我的生命中疾驰而过，完全占了上风，我几乎连缰绳都抓不住。"其实，年龄增长并不可怕，可怕的是年龄增长而人生价值却徘徊不前。

我们不应该畏惧衰老，因为它是生命完整的一部分。人生每一个阶段都有每一个阶段不可替代的美丽，不容错过，也不必惋惜。

伟大的西班牙画家毕加索死的时候是 91 岁。也许你要奇怪，为什么我们要把他叫做"世界上最年轻的画家"呢？这是因为在 90 岁高龄时，他拿起颜色和画笔开始画一幅新的画时，对世界上的事物好像还是第一次看到一样。

一般认为：年轻人总是在探索新鲜事物，探索解决新问题的方法。他们热心于试验，欢迎新鲜事物。他们不安于现状，朝气勃勃，从不满足。老年人总是怕变化，他们知道自己什么最拿手，宁愿把过去的成功之道如法炮制，也不冒失败的风险。

但是，毕加索 90 岁时，仍然像年轻人一样生活着。不安于现状，寻找新的思路和用新的表现手法来运用他的艺术材料。

大多数画家在创造了一种适合于自己的绘画风格后，就不再改变了，特别是当他们的作品受到人们的欣赏时更是这样。随着艺术家的年岁增长，他们的绘画虽然也在变，可是变化不会很大了。而毕加索却像一位终生没有找到他的特殊艺术风格的画家，千方百计寻找完美的手法来表达他那不平静的心灵。

他身上首先引人注意的地方就是那睁大了的眼睛的眼神。美国著名女作家格屈露德·斯特安在毕加索还年轻时就曾提到他那如饥似渴的眼神，我们现在也可以从毕加索的画像中看到这个眼神。毕加索在 1906 年给斯特安画了一张像，他是通过自己的记忆画了她的脸的。看过这张画的人对毕加索说：这不像斯特安小姐本人。毕加索总是回答说：太遗憾了，斯特安小姐必须设法使自己长得跟这张画一样才行呢。但是 30 年之后，斯特安说，在她的画像中，只有毕加索给她画的那张，才把她的真正神貌画出来了。毕加索作画，不仅仅用眼睛，而且用思想。

毕加索的画，有些色彩丰富、柔和，非常美丽，有些用黑色勾画出鲜明的轮廓，显得难看、凶狠、古怪，但是这些画启发我们的想象力，使我们对世界的看法更深刻。面对这些画，我们不禁要问，毕加索看到了什么，使他画出这样的画来？我们开始观察在这些画的背后究竟隐藏着什么。

毕加索一生创作了成千上万种风格不同的画，有时他画事物的本来面貌，有时他似乎把所画的事物掰成一块块的，并把碎片向你脸上扔来。他要求着一种权力，不仅把眼睛所能看到的东西表现出来，而且把我们的思想所感受到的也表现出来。他一生始终抱着对世界十分好奇的心情，就像年轻时一样。

既然年龄是勒不住缰绳的骏马，为什么我们不在马背上优雅地欣赏人生的风景呢？当我们从容而优雅地体会生命中宁静淡远的美时，生命就会把关于年龄的秘密悄悄告诉给我们，让我们在身体逐渐走向衰老时仍然保持婴儿一样清亮坦然的眼神。

别掉进"明天"这个陷阱里

现代人的娱乐资源十分丰富，有的人便沉迷于享乐，而从不为增加生命的厚度而努力。他们常挂在口边的就是："今朝有酒今朝醉，哪管明朝是与非。"他们不怕老，因为他们总以为自己不会老。他们总是把今天该做的事推给明天，殊不知明天便是一个最大的陷阱。

冥王哈迪斯发现近来地狱的人口减少了，十分苦闷，便召来各位黑暗里的神魔商量对策。

会议开始，众神魔纷纷发表己见。

谎言之神说："让我去告诉人类'丢弃良心吧！世上根本没有天堂！'"

哈迪斯神考虑了一会儿，摇摇头，表示否定。

欲望之神说："让我去告诉人类'尽情地为所欲为吧！因为死后根本就没有地狱！'"

哈迪斯神想了想，还是摇摇头。

过了一会儿，懒惰之神说："我去对人类说'还有明天！'"

哈迪斯神眼睛一亮，终于点了点头，说："即使没有天堂，人类也不一定会丢弃良心；就算没有地狱，人类也不一定会为所欲为，这些都不足以把他们引向地狱。可是如果还有明天，那么人类就会更加纵欲享乐，不会珍惜时间。等他们察觉自己白白消耗了生命时，已经来不及了。"

古罗马作家奥维德曾经说过："时间给勤勉的人留下智慧和力量，给懒惰的人留下懊悔和空虚。"

如果总是把希望寄托于明天，而忘记珍惜当下的每一分每一秒，那么就会落入死亡的陷阱，错失了生命的美好。而你失去的，是永远也追不回来的，因此，你唯一该做的就是过好今天。

卓根·朱达是哥本哈根大学的学生。有一年暑假他去当导游。因为他总是高高兴兴地做了许多额外的服务，因此几个芝加哥来的游客就邀请他去美国观光并愿意为他支付旅行的费用。旅行路线包括在前往芝加哥的途中，到华盛顿特区做一天的游览。卓根抵达华盛顿以后就住进"威乐饭店"，他在那里的账单已经预付过了。他这时真是非常快乐，外套口袋里放着飞往芝加哥的机票，裤袋里则装着护照和钱。但是，当他准备就寝时，突然发现皮夹不翼而飞，他立刻跑到前台那里。"我们会尽量想办法。"经理说。可第二天早上仍然找不到，卓根的零用钱连两块钱都不到。自己孤零零一个人待在异国他乡，应该怎么办呢？打电报给芝加哥的朋友向他们求援？还是到丹麦大使馆去报告遗失护照？还是坐在警察局里干等？他突然对自己说："不行，这些事我一件也不能做。我要好好看看华盛顿，说不定我以后没有机会再来，但是现在仍有宝贵的一天待在这个国家里，好在今天晚上还有机票到芝加哥去，一定有办法解决护照和钱的问题。我跟以前的我还是同一个人。那时我很快乐，现在也应该快乐呀。我不能白白浪费时间。"

于是他立刻动身，徒步参观了白宫和国会山庄，并且参观了几座大博物馆，还爬到华盛顿纪念馆的顶端。他去不成原先想去的阿灵顿和许多别的地方，但他看过的，他都看得更仔细。他用仅剩的那点钱买了花生和糖果，一点一点地吃，以免挨饿。

等他回到丹麦以后，这趟美国之旅最使他怀念的却是在华盛顿漫步的那一天——如果他没有珍惜就会白白溜走的那一天。"现在"就是最好的时候，他知道在"现在"还没有变成"昨天我本来可以……"之前就把它抓住。

就在多事的那一天过了 5 天之后，华盛顿警方找到了他的皮夹和护照，并且送还给他。

在某些时候，人们不是因为享乐而浪费了今天，而是因为忧虑，认为明天或许会解决自己的问题，而今天——只能用来忧愁。可是结果呢？只不过是为自己的生命里增加了苦闷的一天而已。可惜的是，不论任何年龄，都有人在犯同样的错误。

人生一世，草木一秋，谁想在生命里留下遗憾呢？可是，人生不可能没有遗憾，但是，我们至少要学会不为此而浪费更多的时间，而将注意力集中在自己可以做的事情上面。只有这样，我们才能把握时间，活出蓬勃的朝气来。

波尔·布朗特威博士曾经给成功学大师卡内基讲过他学来的宝贵教训，

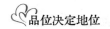
让卡内基大受到启发，布朗特威博士说：

"20 年前，我是一个杞人忧天的大学生，常常稍一受挫便闷闷不乐，焦虑得无法入眠。想起做过的事，便后悔为什么不用更好的方法？对说出口的话后悔说得不够恰当。我的每一天过得都很匆促，但是，我全然不觉生活有什么意义。我眼睁睁地看着自己变老而无能为力，我想，也许明天就可以改变这一切。"

"有一天，我们班聚集在科学实验室，教授早已在那边等候。他的桌上放了一杯牛奶，当我们坐下来时，所有人的注意力都集中在那杯牛奶上，心下揣测着那杯牛奶和这堂课有什么关系时，教授突然站了起来，牛奶被打翻了。他叫我们过来仔细看牛奶杯的碎片：'仔细地看啊！你们要永远记住这个教训，牛奶已经打翻了，就算你再怎么懊恼，也不可能再收回来。也许你会想到刚才小心点不就得了？但已经迟了，所以，我们只好把牛奶的事忘得一干二净，而专注于现在其他可以做的事。'"

也许会有人以为"覆水难收，悔恨无益"是陈腔滥调而不屑一顾。虽然这是老生常谈的一句话，但却蕴含了深沉的智慧。所谓谚语，就是人类长年累积的生活体验、世代相传的智慧结晶。

正如杨柳承受风雨，水适于一切容器一样，我们也要承受一切不可逆转的事实，对那些必然之事主动承受。我们能接受任何一种情况，使自己适应，然后就整个忘了它。在荷兰首都阿姆斯特丹一座 15 世纪的古老教堂的废墟上刻有这样的一句话："事情是这样，就别无他样。"

在生命中，我们都会碰到一些令人不快的情况，它们既然是这样，就不可能是别的样子。但我们也可以有所选择，可以把它们当作一种不可避免的情况加以接受，并且适应它，或者用后悔来毁了我们的生活，甚至最后可能会弄得精神崩溃。

我们必须接受和适应那些不可避免的事情。这不是很容易学会的一课，就连那些在位的帝王也要常常提醒他们自己这样做。乔治五世在他白金汉宫的房里的墙上挂着下面的这句话:"教我不要为月亮哭泣,也不要为过去的事后悔。"叔本华也说过:"能够顺从,就是你在踏上人生旅途中最重要的一件事。"

《费城日报》的富雷特·法兰杰特先生是一个懂得将古老真理融入现代生活因而受益的人。有一次他在对某一所大学毕业生致词时说:"曾拿锯子锯过木头的人,请举手!"大部分的学生都举起了手。之后他又说:"现在,曾拿锯子锯过木屑的人请举手!"结果没有一个人举手。

"当然,拿锯子锯木屑是不可能的。木屑是锯剩的残渣,而我们的过去不也像木屑一样吗?为无法挽救的事追悔不已,不就像拿着锯子锯木屑一般吗?"富雷特说。

明天确乎是一个陷阱,但有智慧的人能将之变为有益的希望。有了对未来的希望,对于今天也就会善加利用,自然就会朝气蓬勃。这份豁达可以帮助我们跨越年龄所设置的障碍,真正为我所欲为。

只要一步一步走下去就好

有时候,我们计算一下年龄,就会没来由地产生一阵惊恐。原来生命已经过去了四分之一、三分之一……而未来又是看不见摸不着,茫茫然不知所措。

别被年龄给吓倒了,也不用担心未来要如何达到,你要做的只是踏踏实实、一步一步地走下去就可以了。

鹅毛大雪下得正紧，满山遍野都裹上了一层厚厚的雪。

有一位樵夫挑着两担柴吃力地往山上爬，他要翻过眼前的大山才能到家。樵夫一脚深一脚浅地走在山地雪路上，寂静的山头只听见脚踩着雪发出的吱吱的响声。

肩挑沉重的柴，头顶凛冽的北风，樵夫每一步都十分费力。好不容易爬了许久，满以为离山顶近了，可是抬头仰望，看见前方仍是没有尽头。

樵夫沮丧极了，跪在雪地上，双手合十乞求佛祖现身帮忙。

佛祖问："你有何困难？"

"我请求您帮我想个办法，让我尽快离开这鬼地方，我累得实在是不行了。"樵夫疲惫地坐在地上。"好吧，我教你一个办法。"佛祖说完，把手向农夫身后一指接着说，"你往身后瞧去，看见的是什么？"

"身后是一片茫茫白雪，只有我上山时留下的脚印。"樵夫不解地说。

"你是站在脚印的前方还是后方？"

"当然是站在脚印的前方，因为每一个脚印都是我踩下去后才留下的。"樵夫理所当然地回答。

"孺子可教！也就是说，你永远站在自己走过路途的顶端。只是这个顶端会随着你脚步的移动而变化。你只需记住一点，无论路途多么遥远，多么坎坷，你永远是走在自己路途的顶端，至于其他的问题你无须理会。"说完，佛祖便消失了。

樵夫照着佛祖的指示，果然轻松愉快地翻过山头回到家。

没错，人不应该畏惧未知的前途，只要你一步步向前走去，总会到达梦想的地方。

美国专栏作家威廉·科贝特曾在一篇文章中写道："我们的目光不可能一下子投向数十年之后，我们的手也不可能一下子就触摸到数十年后的那个目标，其间的距离，我们为什么不能用快乐的心态去完成呢？"

年轻时，威廉·科贝特辞掉了报社的工作，一头扎进创作中去，可他心中的"鸿篇巨制"却一直写不出来，他感到十分痛苦和绝望。

一天，他在街上遇到了一位朋友，便不由地向他倾诉了自己的苦恼。朋友听了后，对他说："咱们走路去我家好吗？""走路去你家？至少也得走上几个小时。"朋友见他退缩，便改口说："咱们就走到前面两个路口吧。"

走过两个路口，他们停下来看了一会儿橱窗，然后又走了两个路口，再停下来听一个流浪艺人拉了一会儿小提琴。之后，他们便这样两个路口、两个路口地走下去。一路上，朋友带他到射击游艺场观看射击，到动物园观看猴子。他们走走停停，不知不觉，就走到了朋友的家里。几个小时走下来，他们都没有感到一点累。

在朋友家里，威廉·科贝特听到了让他终生难忘的一席话："今天走的路，你要记在心里，无论你与目标之间有多远，都要学会轻松地走路。只有这样，在走向目标的过程中，才不会感到烦闷，才不会被遥远的未来吓倒。"

就是这番话，改变了威廉·科贝特的创作态度。他不再把创作看作是一件苦差，而是在轻松的创作过程中，尽情地享受创作的快乐。不知不觉间，他写出了《莫德》、《交际》等一系列名篇佳作，成为美国一位著名的专栏作家。

人生就是这样漫长的路，留在身后的脚印是我们的过去，前面的路口是我们的未来。不要被这条路给吓倒，也不要担心自己走不完这条路，只要用轻松的心态走下去，目标就会实现，未来也会不期而至。

保持蓬勃的朝气和轻松的心态，别去考虑自己已经活了多久，也别担忧自己还会活多久，彻底把年龄给忘掉吧。但是别把你的日子变得天天一模一样，每天都重复同样的事，这样会让生活变得枯燥乏味，年龄的增加也会显得沉重了。

成功没有时间限制

有人说，如果 30 岁还没结婚、40 岁还没成功，那就永远也找不到称心如意的爱人，也不可能会成功了。基本上，说这种话的人本身就不会是多么成功的人。事实上，成功是没有时间限制的，也就是说成功与年龄没什么关系。

有人调查了 100 位世界名人的成功经历，发现他们的成功经历并非按照一般的成功模式进行。在成功者眼里，时间限制并不能左右他们。

莫扎特 3 岁已能弹奏古典钢琴曲，并能记住只听一遍的乐段。

肖邦在 7 岁的时候，创作了 G 小调波罗乃兹舞曲。

爱迪生 10 岁那年，在父亲的地下室建立起一个实验室，开始了世界上最伟大的发明。

奥斯汀在 21 岁那年出版了世界名著《傲慢与偏见》。

福特在 50 岁那年采用了"流水装配线"，实现了汽车大规模生产，使汽车售价大幅下降，开始在全世界普及。

丘吉尔在 81 岁从首相位置上告退，回到下议院，但又获得一次议会选举。他开始学画，并成功展示了自己的作品。

100 岁的爵士音乐钢琴演奏家、作曲家尤比·布莱克还举办了自己的专场音乐会。在逝世前的 5 天，他对别人说："早知道我能活这么久我会更加努力些。"

可见成功对于一个人来说，并不在于他处于什么样的年龄，处于各个年龄段的人都可以有所作为。小到几岁，大到百岁，只要付出努力都可以成功，关键在于一个人的心态是否想要实现自己的目标，在于他是否付出了全部努力。

奥马尔是一个有作为的人。他的头脑充满了智慧，而且稳健、博学，为人们所敬仰。

有一次，一个年轻人问他："您是如何做到这一切的，刚一开始您是否就已经制订了一生的计划了呢？"

奥马尔微笑着说：

"到了现在这个年纪，我才知道制订计划是没有用的。"

"当我十几岁的时候我对自己说：'我要用以后的第一个 10 年学习知识；第二个 10 年去国外旅行；第三个 10 年我要和一个美丽、漂亮的姑娘结婚并且生几个孩子。在我人生最后的 10 年里，我将隐居在乡村地区，过着我的隐居生活，思考人生。'"

"终于有一天，在第一个 10 年的第 7 个年头，我发现自己什么也没有学到，于是我推迟了旅行的安排。在以后的 4 年时间里，我学习了法律，并且成了这一领域举足轻重的人物，人们把我当作楷模。"

"这个时候我想要出去旅行了，这是我心仪已久的愿望，但是各种各样的事情让我无法抽身离开。我害怕人们在背后斥责我不负责任，后来我只好放弃旅行这个想法。"

"等到我 40 岁的时候，我开始考虑自己的婚姻了，但总是找不到自己以前想象中美丽、漂亮的姑娘。直到 62 岁的时候，我还是单身一个人，那时候我为自己这么大把年纪还想结婚而感到羞愧，于是我又放弃了找到这样一个姑娘并且和她结婚的想法。"

"后来我想到了最后一个愿望，那就是找一个僻静的地方隐居下来，但是我一直没有找到这样一个地方。如果要有什么大的疾病，我恐怕连这个愿望都完成不了。"

"这就是我一生的计划，但是一个也没有实现。"

"孩子，你现在还年轻，不要把时间放在制订漫长的计划上，只要你想到要做一件事就马上去做。世界上没有固定的事物，计划赶不上变化。放弃计划，立刻行动吧！"奥马尔最后说。

人生不能没有计划，没有计划的人生就像在茫茫大雾中前行。制订计划固然很重要，但想规定每个年龄该干什么也是不现实的。甚至可以说，因为强求自己在什么年龄该做什么事，所以，使很多人的生活都处于盲目的"计划"之中。

有人觉得自己到了该结婚的年龄，于是匆匆忙忙找一个并不是真心相爱的人结婚，婚后才发现和对方融洽不起来。有人觉得自己到了该有孩子的年龄，于是生一个孩子，可是在手忙脚乱中又发现自己其实还没有抚养和教育好孩子的准备。有人觉得自己到了该"享清福"的年纪了，于是退休在家，什么事也不做，每天只在门口呆望着某处地方，晒晒太阳。

这样的人生总是匆忙而且慌张的，就像一个人在追赶公车，总是害怕赶不上这班车。可是，错过了这班车还有下一班，急什么呢？每辆公车都开往同一个终点站，那是每个人都要去的地方，你不趁坐车的时候看一下沿途的风景，却让时间把自己逼得喘不过气来，这是什么道理？

计划赶不上变化，也没有哪一个年龄必须成功，哪一个年龄错过了就再也没有机会。与其茫然、盲目地陷入时间陷阱，不如专注眼前，立即去做你现在就能做的事。

要记住：栽一棵树的最好时间是20年前，第二个最好的时间就是现在。

年龄不过是掌中的沙

你在海滩边玩过沙吗？有没有试过握一把沙在手中，握得越紧它流失得越快？有人将之比喻为婚姻，其实对于年龄又何尝不是如此？年龄也就像你手心里的那把沙，只不过你无论是握得松还是握得紧，它都会一粒不剩地从你手中流失。

每个人来到这个世界的时候，都紧握着拳头，但时间仍然毫不留情地从人们的手中流过。而当人们离开这个世界时，都摊开两手，既带不走什么，也抓不住什么。

想通这一点，你就会明白，无需刻意抓住你的时间，只要在一呼一吸之间珍惜它就已足够。因为，时间其实是抓不住的。

有一个寓言故事。蔚蓝的大海里，有一条快乐的鱼，它每天尽情地在海水中游动。它和身边许多的鱼说一些它所经历的故事。疲惫时，它就栖息在水草的中间，自由快乐是它的生活原则。但有一天，它遇到了另一条鱼。那条鱼对它说："我听说，有一个很远很远的地方叫大海，有比我们这里更宽阔的水域，那里有许多好玩的东西。如果你去那里，也许你的生活会有所改变的。""真的吗？"它问那条鱼。"是的。你去找找吧。"那条鱼开始寻找大海了，它游啊游啊，每天疲惫得要死，并没有看到它要找的大海。有一天，它终于累了。看到一条正在悠闲游动的鱼。它问那条散步的鱼："你知道大海在哪里吗？"那条悠闲的鱼一听就笑了，说："你现在就在大海里呀！"

很多时候，人们生活得很紧张，追求这个追求那个，生怕自己一不小心错过了什么。在某一天，蓦然回首，却惊奇地发现，自己拥有的最好的年龄已经过去，而自己却从未珍惜过。于是他便懊悔不已——而此时他还不知道，自己又犯了一个错误，那就是当下仍是他最好的年龄，他又没有珍惜。

一位作家说过："当你存心去找快乐的时候，你永远也不会得到快乐。唯有让自己活在'现在'，全神贯注于周围的事物，不去考虑你的年龄，快乐便会不请自来。"或许人生的意义，就在于享受一路走来的点点滴滴而已。

一个屡屡失意的年轻人千里迢迢来到普济寺，慕名寻到老僧释圆，沮丧地对释圆说："像我这样屡屡失意的人，活着也是苟且，有什么用呢？"

释圆如入定般坐着，静静听这位年轻人的叹息和絮叨。并没有开口劝解他，只是吩咐小和尚说："施主远途而来，想必渴了，你去烧一壶温水送过来。"小和尚诺诺着去了。

少顷，小和尚送来了一壶温水，释圆抓了一把茶叶放进杯子里，然后用温水沏了，放在年轻人面前的茶几上微微一笑说："施主，请用些茶。"年轻人俯首看看杯子，只见杯子里微微地袅出几缕水汽，那些茶叶静静地浮着。年轻人不解地询问释圆说："贵寺怎么用温水冲茶？"

释圆微微一笑，也不解释，只是示意年轻人说："施主请用茶吧。"年轻人只好端起杯子，轻轻呷了两口。释圆说："请问施主，这茶可香？"

年轻人又呷了两口，细细品了又品，摇摇头说："这是什么茶？一点茶香也没有呀。"释圆笑笑说："这是江浙的名茶铁观音啊，怎么会没有茶香？"年轻人听说是上乘的铁观音，又忙端起杯子吹开浮着的茶叶呷了两口，又再三细细品味，还是放下杯子肯定地说："真的没有一丝茶香。"

释圆又是一笑，吩咐门外的小和尚说："再去烧一壶沸水送过来。"小和尚又诺诺着去了。少顷，便提来一壶壶嘴吱吱吐着浓浓白汽的沸水进来。释圆起身，又取过一个杯子，撮了把茶叶放进去，稍稍朝杯子里注了些沸水，放在年轻人面前的茶几上。年轻人俯首去看杯子里的茶，只见那些茶叶在杯子里上上下下地沉浮，随着茶叶的沉浮，一丝细微的清香便从杯子里袅袅地溢出来。

嗅着那清清的茶香，年轻人禁不住欲去端那杯子，释圆忙说："施主稍候。"说着便提起水壶朝杯子里又注了一缕沸水。年轻人再俯首看杯子，见那些茶叶上上下下沉沉浮浮得更嘈杂了。同时，一缕更醇更醉人的茶香袅袅地升腾出杯子，在禅房里轻轻地弥漫着。释圆如是地注了 5 次水，杯子终于满了，那绿绿的一杯茶水，沁得满屋津津生香。

释圆笑着问道："施主可知道同是铁观音却为什么茶味迥异吗？"年轻人思忖说："一杯用温水冲沏，一杯用沸水冲沏，用水不同吧。"

释圆微笑点头："用水不同，则茶叶的沉浮就不同。用温水沏的茶，茶叶就轻轻地浮在水之上，没有沉浮，茶叶怎么会散逸它的清香呢？而用沸水冲沏的茶，冲沏了一次又一次，茶叶沉了又浮，浮了又沉，沉沉浮浮，茶叶就释出了它春雨的清幽、夏阳的炽烈、秋风的醇厚、冬霜的清冽。世间芸芸众生，又何尝不是茶呢？那些不经风雨的人，平平静静生活，就像温水沏的淡茶平静地悬浮着，弥漫不出他们生命和智慧的清香，而那些栉风沐雨饱经沧桑的人，坎坷和不幸一次又一次袭击他们，就像被沸水沏了一次又一次的酽茶，他们在风风雨雨的岁月中沉沉浮浮，于是像沸水一次次冲沏的茶一样，溢出了他们生命的一脉脉清香。"

是的，浮生若茶。我们何尝不是一撮生命的清茶？而命运又何尝不是一壶温水或炽烈的沸水呢？茶叶因为沸水才释放了它们本身蕴含的清香。而生命，也只有遭遇一次次的挫折和坎坷，才能留下我们一脉脉人生的幽香！

无论我们经历过多少悲喜，那都是生命给予我们的珍贵礼物，好好爱惜它们吧，让生命中每一个年龄都有各自的精彩。

切记，年龄是一个误区。想想看，对于每一个人来说，生命里充满了变数，任何一点变化都可能演绎出一个完全不同的人生。在这完全不可预期的无数变化中，只有年龄的变化是可预知的，可是人们却总在力求知道那些不可预知的变化，而对年龄遮遮掩掩、虚虚实实、忧忧喜喜。

　　对于不爱惜自己的人来说，就像在把手中的沙随意抛掉，甚至一股脑地扔进大海，让自己的年龄戛然终止，或是到年迈时才惊觉浪费了生命。而对于有智慧的人来说，会不松不紧地握着这把沙，更不会企图把沙粒留住。因为，他有比这更重要的事要去做，他要活在当下！

第十章

让健康给你的品位和地位加分

　　人们追求高品质的生活，却不自觉地陷入了误区：拼命工作、拼命享受、吃吃喝喝以及无休无止的夜生活，等等，这样的生活无不以损害健康为代价。只有拥有健康才能谈得上高品质，"以健康为中心"是这个时代赋予"高品质生活"的新的内涵。

健康是"享受"的本钱

1929 年，纽约股市崩盘，美国一家大公司的老板忧心忡忡地回到家里。

"你怎么了？亲爱的！"妻子笑容可掬地问道。

"完了！完了！我被法院宣告破产了，家里所有的财产明天就要被法院查封了。"他说完便伤心地低头饮泣。

妻子这时柔声问道："你那健康的身体也被查封了吗？"

"没有！"他不解地抬起头来。

"那么，我这个健康的妻子也被查封了吗？"

"没有！"他拭去了眼角的泪，无助地望了妻子一眼。

"那我们几个健康的孩子呢？"

"他们还小，跟这档子事根本无关呀！"

"既然如此，那么怎能说家里所有的财产都要被查封呢？你还有一个支持你的妻子以及一群有希望的孩子，而且你有丰富的经验，还拥有上天赐予的健康的身体和灵活的头脑。至于丢掉的财富，就当是过去白忙一场算了！以后还可以再赚回来的，不是吗？"妻子的话使这个男人又把头抬了起来。3 年后，他的公司再度成为《财富》杂志评选的五大企业之一。确实，健康是生命的基础，是幸福的源泉。有了健康，才有一切；失去了健康，一切都将化为泡影。健康就是太阳，没有健康，白天也是黑夜，晴天也是阴天；拥有健康，黑夜也是白天，阴天也有太阳。德国作家哈格多恩说："唯有健康才是人生。"美国作家爱默生说："健康是人生的第一财富。"

健康不仅是"革命"的本钱，还是"享受"的本钱。即使是亿万富翁，如果要他每天辗转于病床之上，那他也不会感到幸福的，拖着百病缠身的躯体，即使有数不过来的钞票，又有什么意义？

想要尽情品味生活的美好，拥有健康显然是第一位的。

你也许曾听说过这样一个小故事：曾经有一个人，每天辛苦地工作也只能维持温饱，每次当他经过城中最富有的人的房子时，都会嫉妒地说："住在这里面的人一定很幸福。"这样的生活让他觉得很不幸。于是，有一天，这个人来到寺庙，向菩萨祈祷："请让我也住进那座大房子，享受一下富人才能享受的生活吧。"

菩萨问他："善良的人啊，你现在拥有的也同样富裕啊。"

这个人说："我是穷人，每天要为自己的三餐而努力工作，从来不敢懈怠。即使如此，我挣的钱也不够买一座大房子，更别提天天吃山珍海味，穿绫罗绸缎了。看看那些富人吧，他们有很多钱，出入有马车，还有仆人侍候，他们的生活是多么快乐啊。"

菩萨说："你有一个健康的身体，这就是你最大的财富。"

这个人叫了起来："这有什么用？好心的菩萨，我宁愿用我的健康来换取富人的生活！"

菩萨很慈悲，听了穷人的话，只好叹息一声，说："好吧，可怜的人，我会满足你的请求。但愿你会比现在幸福。"

于是，转眼间这个人就住进了城中最豪华的大房子，这所房子里有100个房间，每个房间都装饰着许多价值不菲的古董。他穿上了最昂贵的衣服，有几十名忠心耿耿的仆人为他服务，每天他不用工作就有享受不尽的财富。

当然，这一切都是用他那唯一的财富——健康作为代价换来的。

终于实现了自己的梦想，过上了梦寐以求的生活，这个人高兴极了。可是，他很快就快乐不起来了。虽然他现在拥有数不尽的金钱，可是却每天都要忍受病痛的折磨。开始的时候，他想："这完全值得，我可以忍受。"但是，每天他要打针吃药，行动不便，那些香气四溢的食物放在眼前，他却失去了品尝的兴趣。

虽然他拥有很多牧场，可是自己却不能享受骑着骏马纵横驰骋的乐趣。虽然他的房子里有 100 个房间，可是他却没有力气去欣赏，甚至这些空无人气的房间让他感到难以忍受的孤独。

曾经让他羡慕不已的生活，如今他已经拥有了，然而他却没有一个健康的身体来享受。无论是金钱美女，还是美味佳肴，所带给他的快乐都是如此短暂，根本不能抵消疾病带给他的折磨。

他从窗口向外望去，一个贫穷但健康的小伙子正吹着口哨从他窗前走过，看着小伙子自得其乐的神情，他哀叹起来："我现在根本就体会不到幸福，我宁愿用现在的一切去换回我的健康。"

故事不仅仅是故事，类似的事每天都在阳光下重复。

我们努力地工作，从来不敢懈怠和休息，用牺牲自己的健康来换取金钱和地位，这又和故事里的人有什么区别呢？牺牲健康换取的"一流"生活还能让你感觉到幸福吗？这样摘来的果实有你想象中的甜美吗？

真正一流的生活，需要你有一个健康的身体为基础，失去健康，也就失去了"享受"生活的本钱。

透支什么也不能透支健康

2006 年 6 月 20 日，《韩国经济》上刊登了一篇题为《疲惫的中国，加班现象蔓延，每年 60 万过劳死》的文章。经调查显示，随着经济的发展，中国人的工作强度和时间已经超越了韩国和日本，开始成为世界上又一个被过劳而死所威胁的国家。

20 世纪七八十年代，日本著名的精工公司、川崎制铁和全日航空公司等 12 家大公司的总经理相继突然去世（年龄大多在四五十岁）。从此，日本民间提出了"过劳死"一词。虽然从医学角度准确来说，疲劳只是一种症状，最终导致死亡的应是某种疾病，但过度疲劳所导致的危害确确实实存在于我们的生活中。

2000 年 10 月 23 日凌晨 1 时，年仅 39 岁的卢志东死在回家的出租车上。消息传来，不少人都感到愕然，作为某网站总监的他，22 日下午还和同事们商讨电子商务平台计划，没想到次日清晨就传来了他去世的噩耗。

在北京，网站的产生速度是每天 8 个，要想立足，谈何容易？作为网站总监的卢志东，除了负责全部的运作内容，还要到大学演讲和社区组织联谊活动，还有举步维艰的融资、上市及没完没了的运筹策划。他的时间表由天分割成了小时，甚至分、秒，早上 6：30 起床就开始琢磨当天推出的新网页和新策划，晚上 9 点才考虑回家。

一天 14 个小时的满负荷工作使卢志东的生活演变成一种狂热，两年来，当他把心中所有空间都出让给工作时，却没发觉健康已远离了他。他开始心慌、失眠，不是不想睡，而是不可能入睡，耳鸣和顽固性头痛像驱之不去的蚊子，每个间隙都在耳旁盘旋，使他痛苦不堪。在巨大的压力下，12 点上床的他深夜 2 点会蓦然坐起，揾着自己的太阳穴默默念诵："我不会输。""我

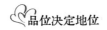

是机器，我撑得住。"

长期高度的精神紧张和过度思虑，破坏了脑血管收缩和舒张的动态平衡，以致卢志东头痛不止；心脑血管缺血、缺氧，产生了心慌、耳鸣。如果这些警示能使他改变工作狂的生活方式，重视自己的健康，休整一下，仍可挽回生命，可他却是变本加厉："我是机器，我能撑得住。"最后只能在精疲力竭中离开了这个世界。

2006 年 9 月 18 日的悲剧再次重演，年仅 38 岁的网易代理 CEO 孙德棣因身患癌症猝然离世。这个创造了网易股价从 0.63 美元推向 72 美元的奇才，就这样永远离开了他为之奋斗的工作。

2004 年 4 月，孙德棣因病休假返回香港，那一次已经查出他因积劳成疾患上了癌症，但 3 个月后，他又重新回到工作岗位。据网易公关部经理张颖回忆，孙每天上午 9 点准时赶到办公室，经常到晚上 11~12 点，他的办公室还不熄灯。

2004 年，前爱立信中国总裁杨迈因劳累过度，猝死在跑步机上；2004 年 8 月，年仅 28 岁的大洋网新闻中心副总监王建峰病逝；2004 年 11 月，杭州网通总经理杜斌 26 岁（未婚）病逝；2005 年 2 月 24 日，域名注册系统顶尖专家、中国频道的 CEO 黄柏林，在 37 岁初为人父时病逝。这些"IT 狂人"几乎把所有的时间都献给了 IT 产业，正是有这样一群人的奉献，充满朝气的 IT 产业的发展几乎是一路高歌猛涨，创造出了令人瞩目的奇迹。从百度、盛大的看似一夜暴富，到联想、华为的国际化扩张，都令外界对 IT 产业的高速发展艳羡不已。而他们却不曾想到，这些辉煌的背后埋藏了多少 IT 精英们透支的健康和生命。

并不是没有疾病显现的时候你就一定健康，有时候威胁我们生命的东西正在伺机而动，而疲劳就是不堪负荷的身体给予我们的警示信号。但是，往往是浓茶、咖啡和精神的高度紧张让我们感受不到疲劳，并不知道健康已经被我们不知不觉地透支了。人，只有知道自己已经深陷疲劳之中，才会了解其中的危害，才会关爱自己，才会投资健康。研究者认为，有 27 项症状和因素可以让你对照检查自己是否正受到过劳死的威胁，27 项症状和因素分别是：（1）经常感到疲倦，忘性大；（2）酒量突然下降，即使饮酒也不感到有滋味；（3）突然觉得有衰老感；（4）肩部和颈部发木发僵；（5）因为疲劳和苦闷失眠；（6）烦躁；（7）经常头痛和胸闷；（8）发生高血压；（9）体重突然增大，出现"将军肚"；（10）几乎每天晚上聚餐饮酒；（11）一天喝 5 杯以上咖啡；（12）经常不吃早饭或吃饭时间不固定；（13）喜欢吃油炸食品；（14）一天吸烟 30 支以上；（15）晚上 10 时也不回家或者 12 时以后回家占一半以上；（16）上下班单程占 2 小时以上；（17）最近几年运动也不流汗；（18）自我感觉身体良好而不看病；（19）一天工作 10 个小时以上；（20）星期天也上班；（21）经常出差，每周只在家住两三天；（22）夜班多，工作时间不规则；（23）最近有工作调动或工作变化；（24）升职或者工作量增多；（25）最近以来加班时间突然增加；（26）人际关系突然变坏；（27）最近工作失误或者和别人发生不和。

疲劳已成为危害现代人健康的最大杀手，消除疲劳并不是什么难事，专家开出了四剂药方：

消除脑力疲劳法：适当参加体育锻炼和文娱活动，积极休息。如果是心理疲劳，千万不要滥用镇静剂、安眠药等，应找出引起感情忧郁的原因，并求得解脱。病理性疲劳，应及时找医生检查和治疗。

饮食补充法：注意饮食营养的搭配。多吃含蛋白质、脂肪和丰富的 B 族维生素食物，如豆腐、牛奶、鱼肉类，多吃水果、蔬菜，适量饮水。

休息恢复法：每天都要留出一定的休息时间。听音乐、绘画、散步等有助于解除生理疲劳。

科学健身法：一是有氧运动，如跑步、打球、打拳、骑车、爬山等；

二是腹式呼吸，全身放松后深呼吸，鼓足腹部，憋一会儿再慢慢呼出；三是做保健操；四是点穴按摩。

生活并不容易，有时需要我们付出许多，如付出金钱、付出亲情、付出时间……但不管作出多大的付出，都不应以透支健康为代价，因为，只有健康才是属于你自己的东西。

一定要学会为自己减压

人们常说："有压力才有动力。"适度的压力促使人们超水平发挥。它可以使我们心跳加快、呼吸加速、血压增加、加速血液循环，使我们能有效地对付或逃离危险。但是，长期处于压力之下，也会给健康带来隐患，如果你长期承受超负荷的压力，就会耗尽恢复元气的能力。中医很早就有"抑郁成疾"、"气滞淤血"、的说法如何化解这些繁重的压力，让心灵放松，让自己体会到生活的快乐便成为现代人必须应付的新课题。

有位医生在替一位卓越的实业家进行诊疗时，劝他多多休息，因为他的健康已经受到了严重的威胁。"我每天承担着巨大的工作量，没有一个人可以分担一丁点的业务。大夫，你知道吗？我每天都得提一个沉重的手提包回家，里面装的是满满的文件呀！"病人无奈地说道。

"为什么晚上要批那么多文件呢？"医生惊讶地问。

"那些都是必须处理的急件。"病人不耐烦地回答。

"难道没有人可以帮你忙吗？助手呢？"医生问。

"不行呀！只有我才能正确地批示呀！而且我还必须尽快处理完，要不然公司怎么办呢？"

"这样吧！现在我开一个处方给你，你能否照着做呢？"医生思考了一会儿说。

处方规定：每天散步两小时；每星期空出半天时间到墓地去一趟。

病人莫名其妙地问道："为什么要在墓地呆上半天呢？"

医生不慌不忙地回答："我是希望你四处走一走，瞧一瞧那些与世长辞的人的墓碑。你仔细思考一下，他们生前也与你一样，认为全世界的事都得扛在双肩，生活的幸福就是要靠他们一刻不停地工作来获取的，如今他们全都长眠于黄土之下，也许将来有一天你也会加入他们的行列。然而，整个地球的活动还是永恒不断地进行着，而其他世人则仍是如你一样继续工作。我建议你站在墓碑前好好地想一想这些摆在眼前的事实，看清楚你以健康为代价换来的生活是否让你觉得幸福。"

医生这番苦口婆心地劝谏，终于敲醒了病人的心灵，他依照医生的指示，释缓生活的步调，并且转移了一部分职责。他知道生命的真义不在于急躁或焦虑，他的心态已经平和，健康得到了改善，当然事业也蒸蒸日上。

日有日的规律，月有月的循环，年有年的往复。万事万物都有它自然的节奏，我们的身体也不例外。可以说，生物节律与我们的健康关系十分密切。人和自然是统一的整体，存在着神秘而微妙的对应关系，我们的生理活动随着昼夜交替、四季变化，也在进行着周期性的节律活动。

现代生活节奏不断加快，我们也在加快着自己的步伐，对于工作想用最短的时间获取最大的收获，对于娱乐休闲也想依此处理。然而，我们得到的却是越来越重的压力，似乎有永远也处理不完的事务、短暂而且无益的休闲、混乱的生物钟、提早衰老的身体……

随着健康的远离，我们甚至没有时间停下来想一想，生活的真谛在哪里？我们不否认"人应该努力工作"，但是在追求个人成就的同时，不应该舍弃自己的健康，否则就称不上高品质的生活。工作要进得去也要出得来，什么时候你学会为自己减压了，才能真正过上快乐幸福的生活。

从紧张的工作中解脱出来

生活中，人们常会感到工作的紧张，它比电话占线和早上堵车更为普遍。人们对付它的办法包括加快午餐时间、早起床、加班、强制性地吃饭、喝酒和抽烟，甚至服药。

与工作相关的紧张，造成效率减低，工作成果下降，它也会威胁男性的健康。实际上，人们已认识到，工作环境所造成的长期紧张是今天最严重的健康障碍之一。与工作紧张相关的医学问题，包括高血压、胃炎、溃疡、结肠炎和心脏病，还加上肥胖症和酒精中毒。美国的紧张研究所指出，70%～90%的就诊病人，其发病诱因皆为与紧张相关的机能失调。

从长远观点看，工作紧张会导致健康的全面崩溃。早期出现的症状为精神倦怠，体质下降，容易生气发怒和抑郁沮丧。到了晚期，病入膏肓，在情绪上则陷入极度的悲观中，有人甚至患上了"上班恐惧症"，完全失去了自信。

鉴于这种情况，在西方已有很多家公司提出了至少一种以上的紧张管理方案，它们包括从最普遍的控制饮用含酒精的饮料，到体育锻炼和静思养神培训班的各种方案。例如，美国纽约电话公司就要求所有雇员定期检查身体，并且给被与紧张有关的问题所困扰的人开设静思养神培训班。

即使在国内你所在的单位并不实行缓减紧张方案，你也可以自己解决这一困扰。重要的是，要认识到，你是无法躲避紧张的。实际上，它是任何工作中都不可缺少的一部分，它随你工作压力的增大而增加，苛刻的任务期限和上司发脾气之类的事情都会对你产生压力。

虽然你不可能逃避工作紧张，但你可学会如何对付它。第一步是要在紧张刚产生的阶段就发现它。持续不断的头痛或反胃，表明你的紧张程度已很高。一旦你已体会到紧张，就得想法将它控制住。也许，你可以通过多吃些有益健康的食物或进行有规律的体育锻炼来进行自我调节。

除此之外，人们还应该怎么做呢？

①正确地评价自己：永远保持一颗平常心，不要与自己过不去，把目标定得高不可攀，凡事需量力而行，随时调整目标未必是弱者的行为。

②处理好事业与家庭的关系：家庭的和睦与事业的成功绝非水火不容，它们的关系是互动的，"家和万事兴"，无力"齐家"，恐怕也无力"平天下"。

③面对压力要有心理准备：要充分认识到现代社会的高效率必然带来高竞争性和高挑战性，对于由此产生的某些负面影响要有足够心理准备，免得临时惊慌失措，加重压力。同时，心态要保持正常、乐观豁达，不为逆境而心事重重。

④要培养自己有一个宽广豁达的胸怀：与人为善，大事清楚小事糊涂。郑板桥一句"难得糊涂"传诵至今，就是因为其中道出了人生哲理。

⑤丰富个人业余生活，发展个人爱好：生活情趣往往让人心情舒畅，绘画、书法、下棋、运动、娱乐等能给人增添许多生活乐趣，调节生活节奏，从单调紧张的氛围中摆脱出来，走向欢快和轻松。

紧张地工作不是最好的生活，它很容易损害你的健康，因此，你应该找一些事情来做，把自己从工作的紧张感中释放出来。

生活一定要规律化

公鸡破晓啼鸣，蜘蛛凌晨4点织网，牵牛花凌晨4点开放，大海潮汐涨落也自有其规律。人体的一切生理活动也是有着一个严密的周期规律的，当我们的血压、脉搏、心跳、神经的兴奋与抑制、激素的分泌等等生理活动都遵循这种规律的时候，我们就会精力充沛、身体健康。反之，则会衰弱、生病，甚至死亡。

德国哲学家康德活了80岁，在19世纪初算是长寿老人。有人对康德做了极好的评述："他的全部生活都按照最精确的天文钟作了估量、计算和比拟。他晚上10点上床，早上5点起床。接连30年，他一次也没有错过点。他7点整外出散步，当地的居民都按他的活动来对钟表。"据说康德生下来时身体虚弱，青少年时经常得病，后来他坚持规律生活，按时起床、就餐、锻炼、写作、午睡、喝水、大便，形成了"动力定势"，身体从弱变强。

世界卫生组织1991年向全世界宣布："个人健康和寿命60%取决于自己，15%取决于遗传，10%取决于社会因素，8%取决于医疗条件，7%取决于气候的影响。"有规律的生活方式决定你的身心健康。威胁人类健康最大的疾病就是生活方式病，又称"文明病"、"富贵病"。人们大多数死于自己培养起来的生活方式和行为，这不是自然灾害，是人为灾害。

有些人工作的时候加班加点，周末的时候通宵泡吧、搓麻将，生活全无规律可言。虽然现在医学发达，生活水平也有所提高，但是你认为自己会像康德一样活到80岁吗？即使能活到80岁，那时的你是坐在轮椅上寸步难行，还是不用劳烦别人就能自在地散步呢？

在酒桌上，常有人会这样说："我的肝脏都让酒精泡坏了，等老了可有我受的。"因为"老年"还没到来，这种担忧也显得不太认真，于是说这话的人依旧大吃大喝，继续伤害着自己的肝脏。

有许多人为了早晨多睡几分钟，就放弃了吃早餐，工作一忙，吃饭也就没有了规律。这样的人一边吃着大把的胃药，一边继续这种虐待自己胃的生活。为什么我们不能让自己生活得规律一些呢？处于亚健康状态的人，既有坠入疾病深渊的可能，也有成为健康人的希望。关键看你如何善待自己。而规律的有节制的生活正是帮你摆脱亚健康的重要手段之一。

把粗茶淡饭"捡"回来

人的身体是由千千万万的细胞所构成，每个细胞都有吸收营养物、氧气与排泄废物的功能；如果这种机能遭到伤害，细胞就会退化衰弱，同时靠细胞来构造的各种器官，也会随之退化衰弱。

要给细胞补充营养，最简单的办法当然是吃东西——这也是我们生存所必需的。但是，我们每天所吃的食物究竟是在给我们的身体补充营养，还是在添加毒素？这些没有多少人能说得清楚。

全国政协委员、中日友好医院中医肿瘤科主任李佩文教授说："人得癌症，除了环境污染等因素外，有一半因素与饮食习惯有关。"

煎炸食品会产生名叫苯并芘的致癌物质，所以炸鱼炸肉、烤羊肉串、炸鸡等食品不宜多吃。然而，令人遗憾的是，我们受饮食西方化影响太厉害，太多的洋快餐对人们的健康非常不利。而且人们一直认为炸淀粉类的食物比较安全，但研究发现，淀粉类食物煎炸后会产生"丙烯酰胺"，也是容易致癌的物质，所以，淀粉类的煎炸食品如炸薯条也不宜多吃。

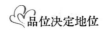

目前，各种癌症的发生年龄有提前的趋势，主要有四大原因：一是饮食过细，缺少多种纤维素和绿色蔬菜；二是过多摄入煎炸食品，如炸鸡腿等；三是生活环境中空气、水、室内装修等污染严重；四是电脑等诸多家用电器带来的电子尘埃和电子微粒污染，影响人的中枢神经和免疫功能。

李教授建议人们要把粗茶淡饭"捡"回来，平时多吃一些绿色蔬菜和含纤维素的食物，可以增加排便次数，把人体中产生的有害物质很快排出体外，减少有害物质的自我吸收率。特别是绿色蔬菜含有大量的维生素 C，可以在胃内分解致癌物质亚硝酸胺盐的形成。

有很多人认为，粗茶淡饭的确有好处，但是不利于孕妇、孩子、病人食用，因为无法提供他们所需的营养。其实，这是很错误的观念。

科学早已证实，所谓的粗茶淡饭包括各种谷类、豆制品、水果、蔬菜、牛奶，是非常完善的营养体系。而且素食绝对不含胆固醇与饱和脂肪，用不着担心产生心脏、血管等疾病。

孙中山先生不仅是革命家、思想家、政治家，同时也是一位大力提倡素食的医师。孙中山先生曾经写过一篇"病者自述"，文中说：

"作者曾得饮食之病，即胃不消化之症。原起甚微，常以事忙忽略，渐成重症，于是自行医治；稍愈，仍复从事奔走而忽略之，如是者数次，其后则药无灵，只得慎讲卫生，凡坚硬难化之物，皆不入口；所食不出牛奶、粥糜、肉汁等物。初颇觉效，继而食之半年以后，则此等食物亦归无效，而病则日甚，胃病频来，几无法可治。用按摩手术以助胃之消化，此法初施，亦生奇效。而数月后，旧病仍发，每发一次，比前更重，于是更觅按摩手术而兼明医学者，乃得东京高野太吉先生。"

"先生手术固超越寻常，而又著有《抵抗养生论》一书，其饮食之法，与寻常迥异。寻常西医饮食之法，皆令病者食易消化之物，而戒坚硬之质，而高野先生之方，则令病者戒除一切肉类及溶化流动之物，如粥糜、牛奶、鸡蛋、肉汁等，而食坚硬之蔬菜、鲜果；务取筋多难化者，以抵抗胃肠，使自发力，以复共自然之本能。忘本取末则无能矣。"

"吾初不信之，乃继思吾之服粥糜、牛奶等物，已一连半年，而病终不愈，乃有一试其法之意。又见高野先生之手术，已能愈我顽病，意更决焉。遂从之而行，果得奇效。惟愈后数月，偶一食肉或牛奶、鸡蛋、汤水茶酒等物，病又复发。始则以为或有他因，不独关于所食也，其后三四次皆如此，于是不得不如高野先生之法，戒除一切肉类，牛奶、鸡蛋、汤水茶酒，与乎一切辛辣之品，而每日所食，则硬饭、蔬菜，而以鲜果代茶水。从此旧病若失，至今两年食量有加，身体健康胜常。"

孙中山先生早在几十年前对饮食的见解就已如此正确、精要，足以让还沉迷于肉食的人们作为参考。

其实，是吃精细食品还是吃粗茶淡饭，差别不仅在于养生观念的正确与否，还有一个习惯问题。我们习惯了精细食品的舌头，隔一段时间不吃，就会想念。但是能品尝精细食品的只有舌头上的味蕾而已，食物一旦通过喉咙滑下食道，它的滋味就已不再重要，它在我们的体内造成的效果才是真正值得我们考虑的。

健康来自精心调养

一个人身体的变化是一种生理规律，谁都无法阻挡。但对于事业来讲，大部分人都是在 40 岁这一阶段取得成功的，这恰好是人的身体由盛转弱的时期。那些平时注重身体保养与健身的人，这时可能会尝到甜头，而那些只顾拼命、不管身体的人会吃到苦头。更令人悲哀的是，有的人在事业有成，正该享受事业丰硕成果的时候，却大病缠身，一命呜呼。要是早知如此，他们平时一定会注意自己的身体。

所以我们要牢记：人活于世，健康第一。只有健康才能有未来，而健康是靠你去努力得到的，只要你愿意，你就可以得到它！

做事业与赚钱则不同，还没听说谁能随心所欲，想有多大成就就有多大成就，想赚多少钱就赚多少钱。虽然人们常说勤奋辛苦就可以赚到钱、成就事业，但也有事与愿违的时候。有些情况下，心想与所得也会不成正比，所以有人在忙了一天之后会叹气说："赚钱真难啊！"可是有些人则很有运气，突然之间，钱财滚滚而来，好像不费力气似的，真是钱追人！凡是在社会上行走过一段时间的人，相信都有同感！

人活于世，不赚钱不行，没事业不行，但也不能做个拼命三郎，钱不是一下子就能赚到手的，成功不是说来就来的，只有保住了健康之本，才有可能去挣钱。留得青山在，哪怕没柴烧？所以，对赚钱的事，勤奋努力是对的，但也要想到前面有一堆金子，你却无力去拿，这才是人生的一大憾事！

那么，一个人怎样才能保持住自己的健康呢？

第一，顺其自然地赚钱。头脑里不要时时惦着"赚钱"这件事，这样会给你造成一种压力，压迫你去超负荷地工作，这对你的心理和精神都有负面影响。最好的办法是顺其自然，钱不是想赚就能赚到的，有时你不想赚，也许它会悄悄来到你身边，好好把握机会吧！

第二，要节制欲望。在社会上做事，免不了要应酬，而应酬也要有所节制，不能想做什么就做什么。更不能陷入酒色财赌中。否则害人害己，伤及身体。

第三，要时常活动筋骨。你可依据个人的体能、时间、场所，做各种不同的运动，不要说你太忙，忙不是一种理由！难道还有什么事比保全健康更重要的吗？

第四，身体检查也很重要，要经常做些检查，以便提早发现问题，避免酿成大祸。

除此之外，还必须学会在生活中以科学的方法调养身心，这样才能保持蓬勃的朝气。

在家中：①清晨，在朝阳下散步、慢跑或倒走一刻钟，此时的太阳光射进视网膜，能阻止身体分泌一种令人昏昏欲睡的荷尔蒙，使你情绪饱满，精神焕发；②运动过后冲一个淋浴，而且水温不要太高，不要洗热水泡浴，那会使你睡意更浓；③淋浴时大声唱歌或者放些轻快的音乐，因为音乐能唤醒你的右半脑，使你情绪高涨；④当事务缠身感觉疲惫时，不妨丢开一切，做自己喜欢的事。如翻相册、写信给老友、出去买一件新衣服，等心情转好再列出计划完成工作。

在办公室：①不要太强的灯光，强弱适中的光和恰当的光源有助于你集中思想，从头顶射下的高强度灯光可能会引起偏头痛，别忘了在工作间隙做做深呼吸，以吸入更多氧气；②电脑发出的高频率信号有损你的精力，因此，当你不用电脑或暂时离开办公室时就把电脑关掉，戴耳塞也是一种有效的方法；③伏案工作过长，不妨打一两个呵欠，休息一下。打呵欠能帮助新鲜血液加速流向大脑，从而起到提神醒脑的作用，或者伸伸懒腰，调整一下姿势，以避免肩周炎之类的职业病；④可适当调整办公室的布置，给人面貌一新之感，也可在办公室放置相框、喜欢的盆栽、油画或励志格言，使环境温馨，并能从容应付具挑战性的工作。

适当运动：①感到精神不振时散步片刻，20分钟轻快的散步会使以后的两小时内精力充沛；②如果你正在执行一套完整的锻炼计划，每周应有一天休息，以恢复体力；③以舒缓松弛的太极、印度瑜伽功代替快节奏的健身操；④大运动量的运动后不适合再干重复的工作，而是充分地休息调整。

就寝：①确定睡眠休息时间早晚的上限和下限，如晚上11点至早晨6点，避免养成睡懒觉的习惯；②睡眠不足是精神萎靡的重要原因，提前半小时入睡，两周下来等于多睡一晚；③中午小睡片刻有助于身体更好地调整和恢复；④避免吃得过饱后立刻睡觉，消化困难会影响睡眠，应尽量在饭后2小时再入睡。

只要一分钟的运动也能顶大用

每个人都知道运动的益处，但很多人却总是找不出时间来运动，或者认为只有在健身房里锻炼才算得上运动。

其实，运动是随时都可以做的，也用不着特意腾出整块的时间，仅仅需要你一分钟。

纽约魏特利电脑公司的职员都在遭受一种困扰，因为工作性质的原因，他们每天要长时间地坐在电脑前，根本没有时间去运动。这使得他们中的大多数人开始长出了"将军肚"，腰部和肩膀、颈椎长时间疼痛，操纵鼠标的手腕受到损伤，眼睛视力下降，皮肤变得粗糙，关节不再灵活，连头发也过早地脱落……

在一次体检时发现，公司里的大部分员工都或多或少地患上了各种慢性病，他们的健康正一点一滴地被侵蚀着。

这时，公司的一位女经理格丽丝·戴维森开始倡导大家利用一分钟时间来做运动，她说："别告诉我你连一分钟空闲时间都没有！"

格丽丝的办法很简单，每工作一小时左右，就用一分钟的时间活动一下手脚，可以坐在椅子上把腿伸直，然后转动脚踝——有的人可以听到自己的关节发响的声音，这证明他已经太缺乏运动了。让手指暂时离开鼠标和键盘，十指交叉，将手臂尽量向前或向上伸展。还可以调整一下坐姿，挺直腰背，让因为驼背而受到挤压的内脏减轻压力，同时收紧臀部，让那部分的肌肉也稍稍锻炼一下。

她还要求员工们每隔一两小时就闭目养神一会儿，或者干脆离开电脑，到处走一走。员工之间有什么问题要交流，尽量少用电子邮件，而是起身走到对方面前用语言沟通。

这些小动作一旦养成了习惯，那些零散的一分钟所起到的作用让每个人都感到惊讶。一年之后，经体检证实，员工们的健康竟然有了很好的改善。

格丽丝的一分钟运动法既简单又有效，并且让那些懒于运动的人再也找不到偷懒的借口：你总不至于连一分钟的闲暇时间都没有吧？

要锻炼身体不一定非得去健身房，因地制宜，你处处都可以找到运动的乐趣。

坐公交车的时候尽量站着，在保持身体平衡的情况下，重复用将脚跟提起的办法来锻炼腿部肌肉，如果害怕动作幅度比较大会引起别人的注意，那也可以收紧臀部肌肉几秒钟后再放松，多重复几次就会有效果。手抓在吊环上，手臂可以微微用力，以让手臂的肌肉也有紧张感。

你还可以提前一站下车，用步行的方式到达目的地，别忘了走路可是最简单的有效的健身方式。放弃电梯而走楼梯也是好办法。

在家里看电视的时候，不要把身体都埋在沙发里，伸直腿运动一下脚踝，或是在脚底踩一个网球滚动，按摩一下脚底。

这些运动都不会浪费你太多的时间，也不用你花钱就可以做的。如果你连这些都不肯做，那就只能眼睁睁地看着自己的身体受损害了。要记住，你的身体可只有一具，任何一部分受到伤害，都是没有地方可以"换零件"的。

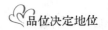

即使换了，它也不会比"原配"的好用。

不值得为任何事生气

智者说："暴怒源于内心的软弱。"没有人会因为生气而变得更强大、更富有、更快乐、更聪明或是更健康。

要保持良好的身体状况，必须要有高昂的情绪和健康乐观的思想。仁爱、平和、欣喜、欢快、善良、无私、知足、宁静——这些精神品质得于心，而形于外，能使人体的各种机能和谐运转，赐予你健康的体质。

而愤怒、牢骚、忧虑、嫉妒、自私、恐惧、仇恨、消极——这些不良的情绪都会像魔鬼一样把我们引向低谷，不仅不利于事业的发展，而且还会严重地损害我们的健康。

新加坡有一位许哲居士，她出生于清光绪二十四年（公元1898年），今年已经108岁了。但是从外表看起来，这位百岁老人就像六十几岁的人一样，她头发银白，皮肤光滑，耳聪目明，手脚利落，精神、体力甚至不输给一般年轻人，尤其是当她柔软的肢体做瑜伽动作时，令观者无不赞叹。

她虽然已经108岁了，却仍然在为别人服务，在照顾着许多年纪比她小得多的老人，并随时随地关心周围的人。

常有人问许哲居士的长寿秘诀，她解释说，今天起来今天做工，不停地做工，做人间的义工。同时，她不恶口，不生烦恼心，不吃肉，不沾咖啡、烟、酒。所以，她的身心能常保平静、喜悦。

有记者问她，现在社会上有很多不道德的事发生，您看了生不生气？许哲居士说："街上有那么多人，我走到街上就会看见他们，但是回到家里就会全都忘了。对于那些不好的事，也是一样的。"不让外因触及自己的本心，也不让别人犯下的过错来扰乱自己的情绪。她说不能生气，一生气身体就像经过一次地震一样，三五天都恢复不过来，对身体的伤害太大了。

许哲居士关于生气对身体的影响的比喻真是太形象了，我们的身体就如同一个小小的地球，愤怒的情绪会让我们的身体遭受严重的灾难。

日本的江本胜博士著有《水结晶的启示》一书，在书中他用大量的照片实证了自己的论点。人体70%是水，人的生命的最初有90%是水，到老年身体衰弱的时候也还有大约60%的水分。可以说，人的一生都是离不开水的，我们的每一个细胞里都充满了液体，若说人体是由水构成的也并不为过。

江本胜博士发现，人的情绪对水结晶有着十分明显的影响，他做了一个试验。将两瓶取自同一水源的纯净水分开放置，其中一瓶让人每天对它说感谢的话，而另一瓶却让人对它说诸如"你是个混蛋"、"我要杀了你"之类的话。结果，第一瓶水的水结晶庄严而美丽，散发着圣洁的光辉；而第二瓶水的水结晶却被破碎混乱得不成形状，丑陋而且充满了恶意的气息。由此可见，人的情绪和表现是在多么直接地影响着水结晶的变化。

那些破碎的水结晶要恢复正常状态，需要花很多时间，而且需要外界向它们传递健康的正面的信息。所以说，同于我们的身体，在经历一次盛怒之后，可不就像经过了一场严重的地震吗？经常生气，身体就会一直处于这种余震未了、灾祸横生的状态，人的健康又怎么能不受损呢？

生气既不可能让你富有、强壮，也不可能提高你生活的品质，它除了暴露你的虚弱之外，就是让你失去健康。只有那些有自制力的人，才不会沦为情绪的奴隶，才能拒绝负面的情绪来伤害自己的健康。

绝望是最可怕的疾病

并不是每个人都能拥有强健的体魄，有人天生肢体就有缺陷，有人或许正在经受疾病的威胁。那么，除了改变自己错误的生活习惯和观念，让自己通过正确地运动、正确地选择食物、正确地控制情绪以使身体处在最佳状态之外，我们还应该做些什么呢？

8 年前，医生宣告玛丽亚将不久于人世。

在绝望中，她向最要好的朋友哭诉自己的不幸和悲伤。朋友用最大的同情心认真地倾听她的哭诉，最后对她说："亲爱的玛丽亚，在刚刚过去的几个小时里，你一直在对我描述你的不幸，你后悔过去不曾关爱自己的健康，你抱怨医学不够发达，你担心死亡会很痛苦，你对一切束手无策。可是，你有没有意识到，就在你的哭诉中宝贵的生命又浪费了几个小时？为什么你不让自己振作起来呢？要知道，这样哭下去的话，根本不可能挽救自己的生命。既然你已经碰到最坏的情况，就应该面对现实，然后想点办法。"

玛丽亚说："可是我很害怕……"

朋友说："疾病会因为你害怕而消失吗？死亡会因为你害怕而永远不降临吗？你应该燃起斗志，既然现在已经是最糟糕的情况了，事情再也不会比现在更坏了，那你还有什么可怕的呢？"

玛丽亚沉默起来，想了很久，她发誓说："我不会再哭了，因为哭泣并不能挽回我的健康。但是，我一定要活下去。"

她开始接受每天超长时间的 X 光照射，虽然她感到骨头像岩石一样从身上撑出来，两只脚肿得像铝块，可玛丽亚却面带微笑来迎接所有的痛苦。"疼痛证明我还活着。"她说。

同时，玛丽亚积极地寻找各种治疗方法和药物，她用愉快的精神状态来抵抗身体的疾病。8 年过去了，玛丽亚的病奇迹般地好了，她从来没有像现在这样健康过。她永远都记得朋友对她说的话："面对现实，然后想点办法。"

很多时候，真正将我们击倒的不是病魔，而是绝望。而心态的改变，却可以让你重获生命。在生活中，每个人都可能遇到这样或那样的不幸，但是真正对你构成致命创伤的，是你自己对这一切感到的绝望。

1967 年夏天，美国跳水运动员乔妮·埃里克森在一次跳水事故中身负重伤，除脖子之外，全身瘫痪。

乔妮怎么也摆脱不了那场噩梦，不论家里人怎样劝慰她，亲戚朋友们如何安慰她，她总认为命运对她实在不公。

她深深地陷入了绝望。但是很快她又振作了起来，她拒绝了死神的召唤，开始冷静地思索人生的意义和生命的价值。

她借来许多介绍前人如何成才的书籍，一本一本认真地读。她虽然双目健全，却因为全身只有脖子能动，只能靠嘴衔根小竹片去翻书，劳累、伤痛常常迫使她停下来。休息片刻后，她又坚持读下去。通过大量的阅读，她终于领悟到：残疾不是绝境，许多人残疾了以后，却在另外一条道路上获得了成功。自己也一定能行！于是，她想到了自己中学时代曾喜欢画画，为什么不能在画画上有所成就呢？她捡起了中学时代曾经用过的画笔，用嘴衔着，练习开了。

这是一个多么艰辛的过程啊。用嘴画画，她的家人连听也未曾听说过。

他们怕她不成功而伤心，纷纷劝阻她，可是，她学画的决心却更坚决了，常常累得头晕目眩，汗水把双眼弄得辣痛，甚至有时委屈的泪水把画纸也淋湿了。为了积累素材，她还常常乘车外出，拜访艺术大师。几年过去了，她的辛勤劳动没有白费，她的一幅风景油画在一次画展上展出后，得到了美术界的好评。

　　这时，乔妮又开始了文学创作。1976年，她的自传《乔妮》出版了，轰动了文坛，她收到了数以万计的热情洋溢的信。又两年过去了，她的《再前进一步》一书问世了。该书以作者的亲身经历，告诉残疾人，应该怎样战胜病痛，立志成才。后来，这本书被搬上了银幕，影片的主角就由她自己扮演的，她成了青年们的偶像，成了千千万万个青年自强不息、奋进不止的榜样。

　　如果乔妮听从自己内心中绝望的指挥，那或许用不了多久她就会凄惨地死去，但是乔妮没有被伤痛吓倒，她以健康的心态去面对自己不健康的身体。或许乔妮的残疾让她的成功和喜悦打了折扣，可是她的坚强不屈和积极的人生态度却令她的生活从绝望中走出来，步入更高的辉煌。

　　每个人都想获得高品质的生活，越来越多的人开始更加重视自己的精神享受和内心的修养。但是，请不要忘记关爱你的身体，在我们可以将自己的身体呵护得健康的时候，一定要把健康放在首位。同时，当人生突遇变故失去健康的时候，也要正确面对，决不能陷入绝望之中，对恢复健康而言，绝望是最大的敌人。"面对现实，想点办法。"这是健康人生的唯一选择。